滿載全彩照片與品系解說、飼養&繁殖資料

Reptiles & Amphibians Photo guide Series **Gecko**

零基礎簡單上手的飼養祕笈

守宮夥伴
超圖鑑

海老沼 剛／著　　川添 宣広／編・攝影
Takeshi Ebinuma　　Nobuhiro Kawazoe

黃筱涵／譯

CONTENTS

—— Reptiles & Amphibians Photo guide Series Gecko

INTRODUCTION What's Leopard Gecko's

不熟悉爬蟲類的人聽到「壁虎」時，直覺反應都是「在家裡附近爬來爬去的小小生物」。一般人對爬蟲類很容易抱持著錯誤的想像，而這樣的回答則代表了「壁虎」在一般社會上已經受到比較廣泛的認識。

爬蟲類的壁虎日文是「ヤモリ（yamori）」，兩棲類的蠑螈日文則是「イモリ（imori）」，因為日文唸法相似，所以也有日本人會將兩者搞混，而這兩個名詞唸法蘊含著相通的意思。壁虎又稱為

什麼是守宮（＝壁虎）？

「守宮」，在日本甚至有「家守」這個別名，從字面上就看得出其蘊含著「守護家庭」的意義。蠑螈的「イモリ」寫成漢字是「井守」，也就是「守護井」，由此也可以看出其「棲息在水中＝兩棲類」的特性。為什麼日本人會為壁虎冠上「守護家庭」的意義呢？最貼近日本生活的壁虎是「日本守宮」，這種壁虎主要棲息在住宅等建築物周邊，在室內遇見的機會較多，看起來就像在家中巡邏、守

壁虎的分類

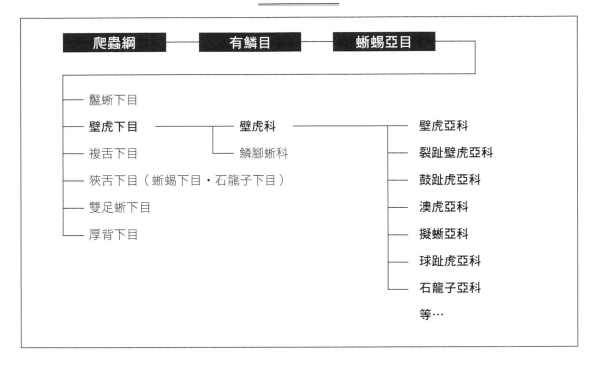

爬蟲綱 ── 有鱗目 ── 蜥蜴亞目

── 鬣蜥下目
── **壁虎下目** ────── 壁虎科 ──────── 壁虎亞科
── 複舌下目   ── 鱗腳蜥科   ── 裂趾壁虎亞科
── 狹舌下目（蜥蜴下目・石龍子下目）   ── 鼓趾虎亞科
── 雙足蜥下目   ── 澳虎亞科
── 厚背下目   ── 擬蜥亞科
                              ── 球趾虎亞科
                              ── 石龍子亞科
                              等…

護著，所以人們才會有此想法。也就是說，自古以來壁虎就存在於我們的生活當中，可以說是人類相當熟悉的生物。雖然也有人會害怕壁虎，但是牠們不僅對人類全無害處，還會幫忙吃掉害蟲，實際上也確實具備了「守護家庭」的功能。

接下來看看國外是怎麼看待牠們的，壁虎類的英文統稱為Gecko。這個統稱的由來是因為東南亞的大型壁虎──大壁虎（tokay gecko）的叫聲，該物種的學名「*Gekko gecko*」也是源自於此，之後才轉變成所有壁虎的英文統稱。大壁虎的「tokay」與「gecko」同樣都代表大壁虎的叫聲（有些人認為大壁虎的叫聲是「to～ku to～」，故命此名）。大壁虎的棲息地區也非常貼近人類社會，因此廣為人知，有些地區甚至擁有「按照大壁虎叫聲次數占卜吉凶」的風俗。

放眼觀察非洲、亞洲與美洲等各個地區，可以發現壁虎在很多國家都是會出沒於民宅的生物。因此，雖然不是所有壁虎科的生物都會出現在人類的生活環境裡，但是多虧了日本守宮與大壁虎等代表性的壁虎頻繁出現在人前，才能夠讓整個壁虎科的生物成為人類熟悉的爬蟲類。

那麼壁虎在生物分類上，是擺在什麼樣的位置呢？

壁虎的定義與分類

生物分類上的「爬蟲綱有鱗目蜥蜴亞目」中的壁虎科，指的就是本書要介紹的壁虎。

關於壁虎科的分類方式眾說紛紜，其中一派學說將壁虎科中的數種亞科（比科更精細的分類）升格成「科」，尤以擬蜥科的狀況最為明顯，擬蜥科下面的許多亞科等都被視為與擬蜥科不同科的生物，但是本書將這些亞科的生物都視為擬蜥科的一員（本書採用的分類如上表「壁虎的分類」）。

也就是說，壁虎屬於蜥蜴類的一員，在將近5500種的蜥蜴亞目中，壁虎科就占1300種以上，可以說「有超過1／5的蜥蜴都是壁虎」。種數的多寡與該生物分類的繁榮度息息相關，因此壁虎屬於蜥蜴當中相當蓬勃發展的一種。牠們的棲息地並非特定的地區或場所，而是以熱帶至亞熱帶為中心廣泛分布於全世界。棲息環境則從森林、沙漠、岩地到民宅等非常多樣化，在在證明了壁虎族群的繁盛。

什麼是守宮（＝壁虎）？

Habit and Characteristic

壁虎的習性與身體特徵

壁虎的特徵是什麼呢？

最具代表性的就是「夜行性」這一點。牠們的身體很小，也沒有硬殼或尖牙等抵抗獵食者的防衛手段，因此「只能在外敵睡眠的夜間行動」。此外，牠們捕食的昆蟲類多半屬於夜行性，基於這個原因，壁虎也的確很適合在夜間行動。另外，與同樣大小的日行性蜥蜴相比，夜行性壁虎在氣溫較低的夜晚行動時身體代謝量較低，也有能節省身體能量消耗的優點。

為了適應夜間活動，大多數的壁虎瞳孔都像貓咪一樣呈縱長形，在白天時會變得跟線一樣細，夜晚時才會放大，藉此匯集少量的光線以利成像。

另外一種代表性的特徵就是「趾下薄板」，又稱為「趾下板」，指的是腳趾底下密集覆蓋的鱗片。趾下薄板的表面有無數顆細緻的毛狀突起物，這些突起物具有吸附力，能夠讓牠們貼在看似光滑的牆面上，有些壁虎的尾巴內側也會有相同的器官。大部分壁虎在蜥蜴類中屬於小型，體重當然也比較輕，因此牠們相當適合立體方向的活動。

其他身體特徵還有「自行斷尾」。當壁虎受到敵人追擊等的時候就會切斷自己的尾巴，藉此轉移對方的注意力，爭取逃跑的機會。壁虎的尾巴各處結構都呈現非常易於切斷的狀態，且斷面的肌肉與血管會迅速收縮，因此大部分情況下的自行斷尾都不會出血。牠們切斷尾巴後，過一陣子就會有新的尾巴從斷面長出來，這就稱為「再生尾」。

另外，不屬於外觀特徵而是生理上的特徵中，最具代表性的就是「產卵數」。幾乎所有壁虎科的種，每次都只會生2顆卵而已。其他蜥蜴種就算是同科、同屬，每次的產卵數都不見得相同，但是壁虎科卻幾乎整個科內物種的產卵數都是固定的（偶爾也會有只產1顆的，但是相當罕見）。不只有壁虎科，連同樣屬於壁虎下目的鱗腳蜥科也有相同的傾向，所以牠們的產卵數應該是從剛開始進化的時候就已經固定下來了。一般來說，壁虎一年會產卵數次，每次生下2顆卵。每次產卵的單位為「窩（clutch）」，因此當壁虎一年產4次卵的時候，就會使用「1年產4窩卵，每窩2顆」這種表達方式。

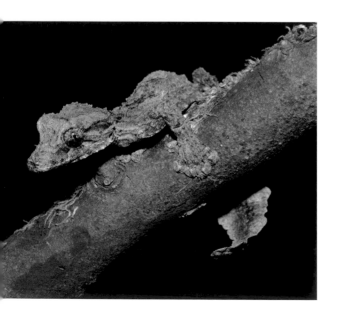

成為寵物的壁虎

　　壁虎同時也是蜥蜴類當中比較多人飼養的群體，這是為什麼呢？

　　最主要的原因就是能夠適應岩地與沙漠等極地環境的壁虎類相當健壯，當作寵物飼養時也能夠輕易適應溫度與濕度變化，所以相當易於飼養。此外，夜行性的壁虎不需要太多紫外線，所以不必使用爬蟲類專用的紫外線型日光燈，在器材準備上比較輕鬆也是其中一個原因。另外，壁虎類幾乎都是小型種，不需要太大的飼養箱，所以不用擔心家中放不下飼養箱。「我想養蜥蜴類的動物，但是家裡沒有放飼養箱的空間」、「我手上的飼養器材不多」對於有這些困擾的人來說，壁虎類可以說是最適合的一種。

　　另外，容易繁殖的特點也是很多人飼養壁虎的原因之一。多數的爬蟲類在人工飼養下要進行繁殖的話，一年四季都必須留意溫度與濕度變化，還得養到適合產卵的尺寸，產卵後還有孵卵這一關要過，必須經過一關關的考驗。但是，很多壁虎類一年四季都在交配、產卵，就算是需要經過溫度變化才能發情的物種，必須滿足的條件相較其他爬蟲類來說也比較少。此外，將幼體養至適合交配的體型

所需時間較短，大部分情況下只要順利成長到2歲左右，就會成為適合繁殖的體型。雖然這情況比較極端，不過就算飼主沒有繁殖的意圖，只要將一對營養狀態良好且到達繁殖年齡的雌雄壁虎放在一起，在飼主什麼都沒做的情況下，個體仍有可能產卵。如果是棲息在牆面的物種，很有可能產卵後只要擺在與雙親相同的飼養箱中，不必特別進行保濕與保溫管理，也有機會孵卵成功，因此可以說是繁殖起來非常不費工夫的族群。繁殖不是飼養爬蟲類的唯一目的，卻是相當棒的一個樂趣。壁虎就是種能夠輕易享受到此般樂趣的寵物。當然，有些種類的壁虎也不好繁殖，或是需要特殊的飼養環境，所以飼養這些種類的時候，飼主就必須蒐集資訊並經過大量嘗試，努力朝長期飼養與成功繁殖的目標邁進。

　　正因為壁虎易於飼養與繁殖，所以其中的豹紋守宮經過累代繁殖後，在寵物市場上的主流個體幾乎都是經人工飼養下繁殖出來的個體。豹紋守宮是最多人飼養的爬蟲類之一，各式各樣的品種也遍布了世界各地。其他像是睫角守宮、肥尾守宮等壁虎類，在市面上流通的也是以人工飼養下的繁殖個體居多，因此也擁有相當繁多的品種。

THE EXTERNAL ANATOMY

頭　部

壁虎的身體

眼睛 壁虎的眼睛中央黑色部分稱為瞳孔，周圍的部分稱為虹膜。人類瞳孔是圓形的，夜行性物種居多的壁虎大部分都是縱長的紡錘型。就像貓咪的瞳孔一樣，在明亮環境中會形成垂直細線，在昏暗環境中則會擴大，以增加面積。因此不少種類的壁虎在夜間與日間時，臉部看起來簡直就像不同種。日行性的殘趾虎屬與柳趾虎屬的瞳孔以圓形居多，面積也相當寬，而且牠們與夜行性壁虎不同，瞳孔形狀不會隨著白天或黑夜有明顯的變化。虹膜的顏色依種而異，有時會成為判斷種的基準。其中甚至有些種的虹膜部分，帶有年輪般的花紋。

壁虎的身體

頭部

日間的狀態。瞳孔呈縱長的細線，像貓咪的眼睛一樣

夜間的狀態。瞳孔擴大，黑色面積會增加

日行性的青藍柳趾虎。瞳孔基本上是圓形的

眼瞼

蜥蜴類的生物通常有可動的下眼瞼，讓牠們能夠閉上眼睛防止異物或塵埃入侵。但是，壁虎卻沒有可以動的眼瞼，僅有眼球表面覆蓋著一層無法移動的透明鱗片（就像戴著隱形眼鏡一樣），因此在睡眠時也無法閉上雙眼。有些種的上眼瞼會大幅突出，看起來就像眼睫毛一樣，但是牠們的眼瞼同樣不能動。目前已知的例外是擬蜥，牠們擁有可動的眼瞼，所以能夠閉眼。這樣獨特的特徵使擬蜥被歸類成擬蜥亞科這個小小的群體，有時甚至會直接將牠們視為比亞科更高一層的「科」，因此相關資料也可以看見「擬蜥科」這樣與「壁虎科」齊位的名稱。

壁虎中的例外──擬蜥能夠閉眼

舔舐眼睛的寬趾虎

舌頭

蜥蜴類的舌頭，分有尖端分岔與沒有分岔的類型。壁虎的舌頭又粗又短，尖端則微微分岔，但是不仔細看的話就看不出來。牠們的舌頭能夠伸到眼睛一帶，用來清潔水滴、灰塵等附著在眼睛的異物。此外，有些種則會用舌頭舔舐以攝取樹汁或果汁等。

耳孔

壁虎與其他蜥蜴一樣，側頭部都有開孔，可以看見裡面的鼓膜。但是，牠們的耳孔沒有其他蜥蜴那麼大，綜觀整個蜥蜴亞目，算是比較不顯眼的一種。

位於嘴巴後方側頭部的洞就是耳孔

THE EXTERNAL ANATOMY

下顎

壁虎類基本上沒有大型牙齒，但是有細緻的鋸齒狀或刺狀牙齒排列在顎骨上，能夠緊緊咬住獵物，將其固定在嘴裡。以牠們的體型來說，下顎的力量算是非常強勁。但不管是哪一種的壁虎，下顎骨都很細，所以長時間咬住硬物的話會造成下顎疼痛。

此外，當壁虎咬住物體的時候，如果強行將兩者用力分開，可能會造成壁虎下顎骨折，所以必須特別留意。

面對大型個體時應特別留意

壁虎的身體

身　體

皮膚與鱗片

壁虎的表皮比其他蜥蜴還要薄。一如「有鱗目」這個名稱，牠們和蜥蜴、蛇一樣皮膚表面都布滿細緻的鱗片。爬蟲類的鱗片是從皮膚角質變化而來，會覆蓋整個體表以保護身體不受濕度變化或外力傷害。鱗片的形狀五花八門，壁虎的鱗片則大多呈現顆粒狀，不少品種的鱗片摸起來相當滑順。此外，有些種擁有較大型的鱗片，有些鱗片上則有發達的「鱗脊（keel）」，體表就像裝甲一樣強硬。不管是哪一種型態，壁虎的鱗片幾乎都是並排於體表，不太會重疊。其中也有像石龍子與鱗虎一樣有大型鱗片互相重疊的物種，但是相當罕見。這類物種因鱗片具有容易剝落的特性，所以遭外敵抓住時，牠們會連同鱗片將整個表皮剝除以逃離現場。

五花八門的皮膚

馬達加斯加殘趾虎　　　　　鱗虎

棘皮瘤尾虎　　　　　石龍子

多和守宮　　　　　豹紋守宮

脫皮

爬蟲類在成長過程中，老舊的皮膚表層會浮起、剝落，這就是所謂的「脫皮」。脫皮的方式隨著族群而異，像蛇就是一口氣脫下全身的舊皮，使整片舊皮連在一起；烏龜則會從甲板或皮膚的一部分開始慢慢剝落；部分的蜥蜴會從局部鱗片開始脫落。壁虎在整體蜥蜴當中，屬於會脫下全身舊皮的類型，牠們脫下的舊皮很薄且具延展性。大部分的壁虎在脫皮的時候，會先用嘴巴壓住舊皮，像人類脫衣服一樣俐落地脫下整件舊皮。這時有非常多的個體會直接吃掉舊皮，據說是為了不要浪費所有營養來源，同時也是避免外敵發現自己逗留的痕跡。由於牠們在脫皮前夕時舊皮會浮起，所以身體看起來白白的。

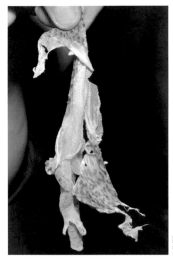

豹紋守宮脫下的舊皮

壁虎的身體

體色變化

壁虎的體色也能夠出現一定程度的變化，雖然環境色彩會影響牠們的體色，不過環境明亮度與牠們的緊張程度才是最大的因素。尤其是夜行種，夜晚時多數物種體色會呈現明亮的白色；而在白天時體色則會變暗，以融入樹皮等環境中，避免自己太過顯眼。相反的，日行性的殘趾虎等體色在陽光下會形成鮮綠色，到了夜間就會黯淡下來，這是為了融入白天的植物葉片等當中，所以體色轉成鮮豔的綠色比較不醒目。殘趾虎當中有些個體在緊張時，顏色也會變得黯淡，因此看到牠們體色變暗時很可能是承受了某種壓力。

前肛孔／大腿孔

大部分的雄性個體腿部內側與總排泄孔前方，都有開孔的鱗片排列著，數量與排列方式因物種而異，所以很適合從這個部位判斷物種。

總排泄孔

連同壁虎在內的爬蟲類都會有總排泄孔，用來當作排泄糞尿的出口與生殖器的出入口。因此，這個兼具排泄與生殖功能的孔，就稱為「總排泄孔」。頭部尖端到總排泄孔之間的距離，就稱為「頭身長」。

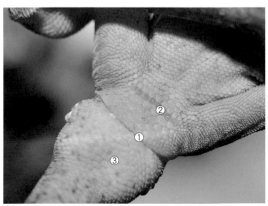

①總排泄孔、②前肛孔、③隆起處

隆起處

這是收納生殖器的袋狀隆起處，位在總排泄孔的後方。由於雄性壁虎的隆起處特別發達，所以適合用來判斷性別。但是有些物種不管雌雄都沒有明顯的隆起處，必須特別留意。

Chapter.2

四肢

四 肢

壁虎的身體

四肢 就整個蜥蜴亞目來看，壁虎的四肢算是特別分明的一種。雖然四肢修長的壁虎很罕見，但是卻沒有完全退化的物種。不過，壁虎的近緣種——鱗腳蜥是例外，牠們的四肢已經幾乎退化，只剩些微的後肢痕跡而已。

黑頭鱗腳蜥後肢的痕跡

腳趾與爪子

大部分的壁虎每隻腳都有5根腳趾，且外側的腳趾較短。腳趾的形狀五花八門，有些壁虎的趾下薄板較寬較發達，能夠輕易貼緊各種物體，有些趾下薄板較細長且尖端有發達的鉤爪，還有些腳趾之間有薄膜，具有止滑與降落傘般的效果。

五花八門的腳趾／正面

平尾虎

豹貓守宮

狹趾虎

粒趾虎

越南豹紋守宮

同鱗虎

弓趾虎

日本守宮

闊趾虎

五花八門的腳趾／背面

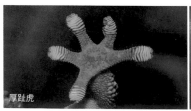

厚趾虎

平尾虎

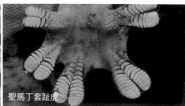

聖馬丁套趾虎

趾下薄板

壁虎的腳趾背面有皺褶狀或細紋狀的密集鱗片，名為趾下薄板或趾下板。表面密布著極其細微的毛狀器官，能夠吸附在乍看光滑的垂直面上。趾下薄板的形狀與排列方式五花八門，是判斷物種的一大基準。有些趾下薄板看起來就像日本的傳統金幣、有些會呈樹葉狀，有些則是腳趾前端特別寬大，且此處的趾下薄板特別發達。一般來說，當壁虎主要棲息在牆面時，趾下薄板就愈寬愈發達。棲息在地面上的壁虎當中，很多種都沒有趾下薄板，取而代之

趾下薄板

的是絨毛狀的鱗片，藉此避免沙粒卡在腳趾。由此可知，趾下薄板的狀態會隨著主要生活的環境出現大幅的差異。

尾 巴

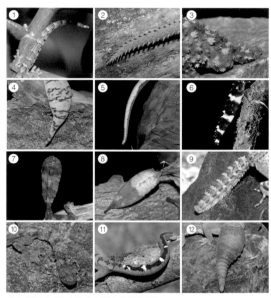

①哀鱗趾虎（適合棲息在樹上的長條狀）
②威靈頓澳虎（有尖棘的獨特尾巴）
③棘皮瘤尾虎（短促且前端有球狀突起）
④卡氏絲絨守宮（摸起來很有彈性的扁平尾巴）
⑤睫角守宮（前端有類似趾下薄板的器官）
⑥黑框守宮（容易取得平衡的縱向扁尾巴）
⑦馬達加斯加平尾虎（像飯匙一樣扁平的尾巴）
⑧角平尾虎（看起來與樹葉一樣的尾巴）
⑨阿拉伯鋸尾虎（會用尾巴與同伴交流）
⑩飛守宮（與螺旋槳的槳葉相似的平坦尾巴，能夠在跳躍時派上用場）
⑪貓守宮（能夠捲起物體）
⑫肥尾守宮（用來儲存營養的粗壯尾巴）

自行斷尾與再生尾

壁虎察覺到危機時，就會切斷自己的尾巴，以轉移對方的注意力，爭取逃走的機會。牠們受到攻擊的時候會抬高尾巴左右晃動，並用尾巴攻擊對手。如果對手抓住牠們的尾巴時，牠們就會立刻切斷自己的尾巴迅

尾巴的形狀

壁虎尾巴擁有各式各樣的功能，因此形狀會依功能出現大幅變動。例如：長尾巴可以幫助壁虎在樹上或牆面保持平衡；有類似趾下薄板的器官時，就有助於壁虎附著在垂直面上；像螺旋槳的槳葉時，就可以在跳躍時保持平衡；看起來像樹皮或樹葉的話，能夠融入周圍的環境；較粗壯的尾巴則可以用來儲存營養。擬蜥之間也會用尾巴做交流，透過捲動或上下擺動向對方傳遞訊息。貓守宮則會將尾巴當成第5隻腳，用來捲住樹枝。一般在講「尾長」就是指尾巴的長度，頭身長與尾長加在一起就稱為「全長」。

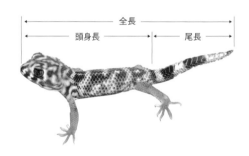

速逃走。斷掉的尾巴還會繼續跳動一段時間，使獵食者沒注意到本體已經逃走了。牠們的尾巴斷掉之後，斷面會以軟骨為軸心重新長出新的尾巴，這就稱為「再生尾」。再生尾的質感通常會與原本的尾巴不同，有時候會較短、甚至長成不同的形狀。澳虎亞科與鼓趾虎亞科的再生尾能力通常不高，而且再生尾看起來就像從斷面發出小小的芽一樣。此外，壁虎是用意念切斷自己的尾巴，所以切斷時會沿著尾節與肌肉的斷裂面進行；如果藉由物理性外力強行切斷牠們的尾巴時，肌肉就沒辦法順利收縮，不僅會有出血現象，斷面也有可能無法長出再生尾。

壁虎的身體

Chapter.**3**

壁虎科圖鑑

Picture Book of Gecko

壁虎科圖鑑

《 壁虎亞科 》
Gekkoninae

　　壁虎亞科可以說是壁虎科的基本型，其他亞科也都是從壁虎亞科發展出來的。有些研究學者認為，只有這個還殘留在壁虎亞科的族群是純正的壁虎科，其他各自獨立的亞科都應該升格成與壁虎科並列的「科」。壁虎亞科中的「屬」的數量是最多的，總共有75屬960種以上，也就是說大部分的壁虎都屬於壁虎科。相信未來，在這些壁虎中還會分出不同的類型或獨立成亞科或科。壁虎亞科的分布地區相當廣泛，幾乎與其他亞科都有所重疊，因此世界各地都看得到牠們的蹤跡，尤以熱帶、亞熱帶最多。

　　既然種類數這麼多，生活環境自然也形形色色，壁虎亞科的棲息環境從沙漠等乾燥地區（地棲型）到森林（樹棲型）等應有盡有，另外還有主要棲息在人類生活環境附近或岩石地的種類等。

　　其中，也包括了在壁虎科中相當罕見的日行性族群。

壁虎屬是壁虎科的基本族群，可以說是壁虎中的壁虎。位在牠們腳底的趾下薄板看起來就像日本傳統的小判金幣，所以在日本又稱為「小判守宮屬」。壁虎屬有多達51種，趾下薄板相當發達，吸附能力很強。壁虎屬的體型大小五花八門，屬中最具代表性的大壁虎（*G. gecko*），最大型的個體全長超過30cm，是全世界最大型的壁虎之一；不過大部分的種類都與日本守宮（*G. japonicus*）、南守宮（*G. hokouensis*）一樣，全長在10～13cm左右。

壁虎屬裡有些種類會棲息在森林、山地、沿岸岩石地區等人跡罕至的地方，不過多數都喜歡民宅附近等人造環境。愈是人煙稀少的地方，就愈難看見大壁虎與日本守宮，主要是因為牠們都以民宅等建築物為棲息地。另一方面，南守宮等則喜歡森林這種平常人不太會進入的昏暗場所。

多數壁虎屬都分布在東南亞一帶至日本所在的東亞，其中也有很多會棲息在島嶼等的局部地區。很多壁虎屬都棲息在日本，資料上記載的就有日本守宮、南守宮、多和守宮、屋久守宮、寶守宮、奄美守宮這6種，但其實還出現了尚未擁有學名的新物種，如西守宮與沖繩守宮等，也有許多日後獨立可能性相當高的物種（隱藏種，cryptic species）。

日本守宮 *Gekko japonicus*

●全長：9～14cm　●分布：日本、韓國、中國東部、越南等

在飼養下繁殖的個體

大壁虎
Gekko gecko
●全長：25～35cm
●分布：東南亞、中國

青眼大守宮
Gekko smithii
●全長：25～30cm
●分布：東南亞

暹羅守宮
Gekko siamensis
●全長：30cm以上
●分布：泰國

僧侶守宮
Gekko monachus
●全長：20cm左右
●分布：馬來半島、
印尼、菲律賓等

南守宮
Gekko hokouensis
●全長：10～12cm
●分布：中國東部、台灣、
日本（琉球等）

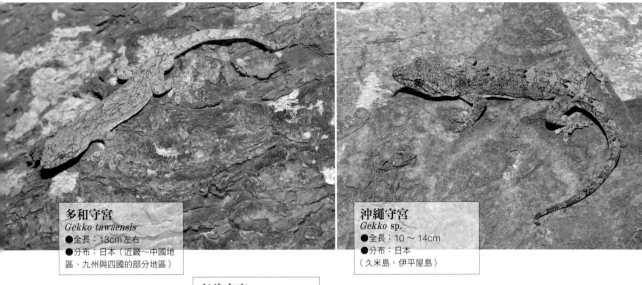

多和守宮
Gekko tawaensis
●全長：13cm左右
●分布：日本（近畿～中國地區、九州與四國的部分地區）

沖繩守宮
Gekko sp.
●全長：10 ～ 14cm
●分布：日本
（久米島、伊平屋島）

奄美守宮
Gekko vertebralis
●全長：13cm左右
●分布：日本
（小寶島、奄美大島、德之島）

屋久守宮
Gekko yakuensis
●全長：13 ～ 15cm
●分布：日本
（屋久島、種子島、九州南部）

寶守宮
Gekko shibatai
●全長：10 ～ 12.5cm
●分布：日本（寶島等）

西守宮
Gekko sp.
●全長：13 ～ 14cm
●分布：日本（九州西部等）

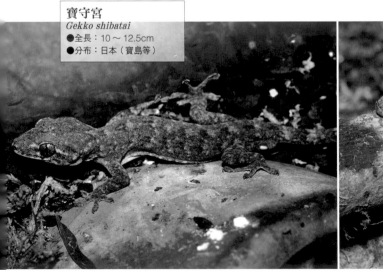

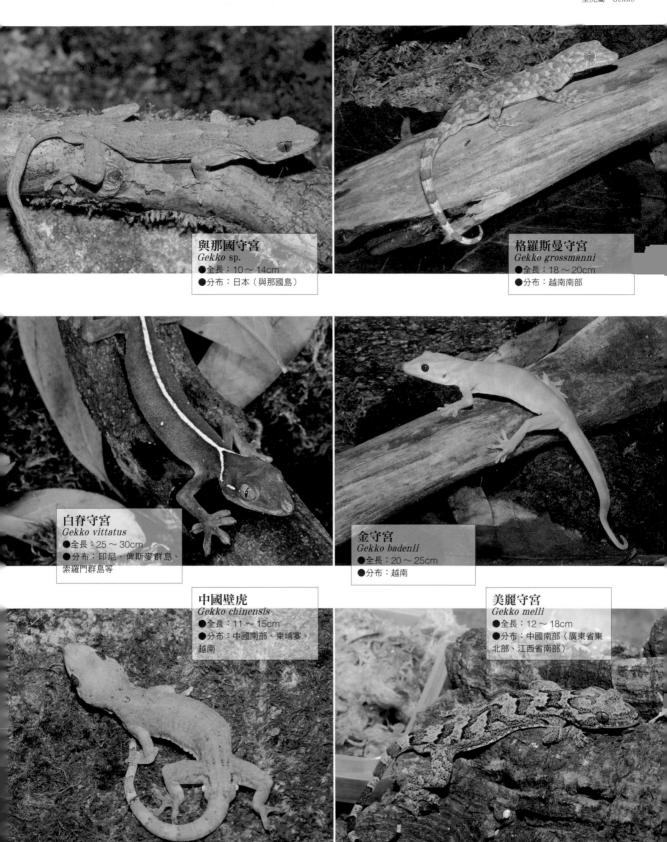

與那國守宮
Gekko sp.
●全長：10 ～ 14cm
●分布：日本（與那國島）

格羅斯曼守宮
Gekko grossmanni
●全長：18 ～ 20cm
●分布：越南南部

白脊守宮
Gekko vittatus
●全長：25 ～ 30cm
●分布：印尼、俾斯麥群島、索羅門群島等

金守宮
Gekko badenii
●全長：20 ～ 25cm
●分布：越南

中國壁虎
Gekko chinensis
●全長：11 ～ 15cm
●分布：中國南部、柬埔寨、越南

美麗守宮
Gekko melli
●全長：12 ～ 18cm
●分布：中國南部（廣東省東北部、江西省南部）

壁虎亞科蜥虎屬

學　名　*Hemidactylus*
英文名　House-Gecko　Leaf-toed geckos

◆生活型態

・棲息在牆面
・棲息在岩地、荒地等半地棲型（巴伯爾蜥虎、聖文森蜥虎等）
・棲息在乾燥地區的地棲型（畸鱗虎等）

蜥虎屬的其中一個英文名稱是「House-Gecko」，這是因為牠們比壁虎屬更常出現在人類生活環境的關係。本屬多達124種，分布範圍相當廣泛，從亞洲全區到非洲、歐洲都可看見牠們的身影。其中疣尾蜥虎（*H. frenatus*）更是隨著建材等運輸而散布到世界各地，其分布領域包括熱帶至亞熱帶地區間的亞洲、非洲、澳洲、太平洋群島、馬達加斯加、中美至南美北部等地，可以說是分布地區最廣泛的壁虎。蜥虎屬的趾下薄板與小判金幣的形狀不同，鱗片排列是從中分成左右兩側，看起來就像樹葉一樣。由於雄性蜥虎屬中有很多種在劃地盤或求愛時會發出聲音，所以日文又稱為「鳴守宮屬」，不過其中也有不會叫的種。雖然牠們的趾下薄板相當發達，但是棲息環境因種而異，像疣尾蜥

虎主要活動範圍是建築物等的牆面，聖文森蜥虎（*H. bouvieri*）與巴伯爾蜥虎（*H. barbouri*）則主要棲息在地面上，不太會爬上爬下。

分布在巴基斯坦的畸鱗虎（*H. imbrictus*）以前被歸類在另一屬，學名是*Teratolepis fasciata*，近年才被挪到蜥虎屬並將學名改成*Hemidactylus*。

原尾蜥虎
Hemidactylus bowringii
●全長：9～12cm
●分布：東南亞、印度、台灣、日本（奄美大島）

疣尾蜥虎
Hemidactylus frenatus
●全長：9～13cm　●分布：世界各地

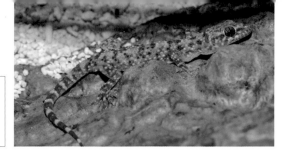

土耳其蜥虎
Hemidactylus turcicus
●全長：10cm左右
●分布：地中海沿岸地區至印
度之間

南半球蜥虎
Hemidactylus mabouia
●全長：12～15cm
●分布：薩哈拉以南的非洲大
陸、中南美等

密疣蜥虎
Hemidactylus brookii
●全長：10～15cm
●分布：非洲大陸、東南亞、
中南美等

斑蜥虎
Hemidactylus maculatus
●全長：20～28cm
●分布：印度

孟買蜥虎
Hemidactylus prashadi
●全長：25～30cm
●分布：印度

巴伯爾蜥虎
Hemidactylus barbouri
●全長：6～8cm
●分布：肯亞東南部至坦尚尼
亞東北部的沿岸地區

聖文森蜥虎
Hemidactylus bouvieri
●全長：8cm左右
●分布：維德角共和國

阿拉伯蜥虎
Hemidactylus robustus
●全長：10～13cm
●分布：巴基斯坦到阿拉伯半
島、非洲大陸東北部的紅海沿
岸

畸鱗虎
Hemidactylus imbricatus
（*Teratolepis fasciata*）
●全長：7～8cm
●分布：巴基斯坦西部、印度

壁
虎
科
圖
鑑
　
壁
虎
亞
科

截趾虎屬的分布地區以澳洲、美拉尼西亞、玻里尼西亞等大洋洲地區為主，另外也出現在東南亞部分地區等。屬內有38種，其中有一半以上都固定分布在澳洲，有11種固定分布在美拉尼西亞與印尼島嶼地帶，有4種則固定出現在東南亞的大陸地區。分布地區中的例外是裂足蝎虎（*G. mutilata*），此種也會出現在日本琉球。裂足蝎虎的日文名稱是「恩納岳守宮」，雖然是以沖繩的地名命名，但是其實廣泛分布於世界各地，除了其他截趾虎屬會分布的大洋洲地區與東南亞外，也已經散播至中國南部至台灣、斯里蘭卡、馬達加斯加、非洲合眾國的一部分與墨西哥，並已於當地建立穩定族群。截趾虎屬中大部分的種都屬於有些扁平的體型，且後腳有連至尾巴根部的皮膚膜。牠們的尾巴根部通常有曲線且較細，接著會稍微變粗後再往尖端漸漸變細。截趾虎屬以中、小型為主，全長約10～15㎝，但也有像眉紋截趾虎（*G. marginata*）與貪食截趾虎（*G. vorax*）這些大型種，全長可接近25㎝。

壁虎科圖鑑　壁虎亞科

裂足蝎虎
Gehyra mutilata

●全長：8～12cm
●分布：東南亞、日本、太平洋群島、馬達加斯加等

眉紋截趾虎
Gehyra marginata
- 全長：20～25cm
- 分布：印尼、新幾內亞島

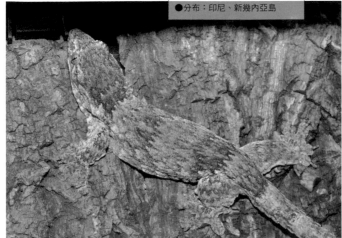

大洋截趾虎
Gehyra oceanica
- 全長：11～13cm
- 分布：西薩摩亞、庫克群島、索羅門群島、澳洲北部等

貪食截趾虎
Gehyra vorax

- 全長：20～25cm
- 分布：新幾內亞島、萬那杜、斐濟、東加等

壁虎亞科厚趾虎屬

學　名　*Pachydactylus*
英文名　Thick-toed geckos
◆生活型態　・棲息在岩地、荒地等半地棲型
　　　　　　・棲息在乾燥地區的地底棲型（闊趾虎）

一如字面上意思，厚趾虎屬擁有較肥厚的腳趾，趾尖一帶的趾下薄板特別發達。厚趾虎屬共有58種，算是數量很多的一屬，且主要分布在非洲南部。寵物市場上最常見的厚趾虎屬是特納厚趾虎，但是近年的研究將其改歸類到粒趾虎屬（*Chondrodactylus*，請參照P28），所以特納厚趾虎已經不是厚趾虎屬了。此外，近年有2種獨立出來的闊趾虎屬（*Palmatogecko*），不過還是有愈來愈多學者將其歸類於厚趾虎屬。由於特納厚趾虎等大型種被移到闊趾虎屬，因此現存的厚趾虎屬以偏小型的物種居多，全長幾乎都只有8～12cm左右。厚趾虎屬的外觀因物種而異，相當多樣化，像虎斑厚趾

虎（*P. tigrinus*）等擁有細緻的皮膚，粗皮厚趾虎（*P. rugosus*）的表面則覆蓋著大型顆粒狀鱗片。雖然厚趾虎屬的趾下薄板發達，但是牠們卻喜歡岩石表面與斜面等勝於牆面等垂直面，所以幾乎都在地面上活動。

厚趾虎屬主要棲息於乾燥地區的岩石地與荒地，闊趾虎（*P. rangei*）的趾間有看似划水用的薄膜，其實可以用於避免卡住沙漠的細沙。

由於厚趾虎屬會棲息在極地，因此很多種都耐得住溫度變化與乾燥。

壁虎科圖鑑　壁虎亞科

虎斑厚趾虎
Pachydactylus tigrinus

●全長：8～9cm　●分布：辛巴威、莫三比克、南非共和國、波札那

鹿斑厚趾虎
Pachydactylus serval
●全長：6〜7cm
●分布：納米比亞

博茨瓦納厚趾虎
Pachydactylus tsodiloensis
●全長：8.5〜10.5cm
●分布：波札那（措迪洛山丘陵地）

派拉史庫提塔斯厚趾虎
Pachydactylus parascutatus
●全長：8cm左右
●分布：納米比亞北部

星屑厚趾虎
Pachydactylus atorquatus
●全長：8〜10cm
●分布：南非共和國

線紋厚趾虎
Pachydactylus fasciatus
●全長：9〜10cm
●分布：納米比亞西北部

盾鱗厚趾虎
Pachydactylus scutatus
●全長：8〜10cm
●分布：納米比亞北部、南非共和
國西南部

粗皮厚趾虎
Pachydactylus rugosus
●全長：10～11cm
●分布：納米比亞、南非共和國

孟他努厚趾虎
Pachydactylus montanus
●全長：9cm
●分布：納米比亞、南非共和國

蓋亞斯厚趾虎
Pachydactylus gaiasensis
●全長：10～12cm
●分布：納米比亞西北部

開普厚趾虎
Pachydactylus capensis
●全長：10～12cm
●分布：納米比亞、波札那、南非
共和國中部至北部

雙色厚趾虎
Pachydactylus bicolor
●全長：9～11cm
●分布：納米比亞

德蘭士瓦厚趾虎
Pachydactylus affinis
●全長：8～10cm
●分布：南非共和國

闊趾虎
Pachydactylus rangei（*Palmatogecko rangei*）

●全長：11～13cm　●分布：南非共和國、納米比亞、安哥拉

麥克拉克蘭厚趾虎
Pachydactylus mclachlani
●全長：10cm左右
●分布：納米比亞

莫妮卡厚趾虎
Pachydactylus monicae
●全長：10～12cm
●分布：納米比亞、南非共和國

壁虎亞科粒趾虎屬
學　名　*Chondrodactylus*
英文名　Thick-toed geckos

◆生活型態
・棲息在乾燥地區的地底棲型（粒趾虎、納米比亞守宮）
・棲息在岩地、荒地等的半地棲型（特納厚趾虎、鈕扣厚趾虎）

粒趾虎屬有很長的一段時間，是只有 *Chondrodactylus angulifer* 1種而已的迷你族群。但是近年研究多半將厚趾虎屬的華氏厚趾虎（*P. bibronii*）、特納厚趾虎（*P. turneri*）、鈕扣厚趾虎（*P. fitzsimoni*）這3種視為粒趾虎屬。這3種在厚趾虎屬中都屬大型種，頭部大且身形健壯。既然都已經換到粒趾虎屬了，相信各國名稱遲早也會有所更動。

粒趾虎的腳趾根部有局部相連，看起來就像戴了棒球手套一樣，但是趾下薄板並不發達，所以牠們無法爬太高，完全棲息在地面上。其他3種的趾下薄板發達，可以棲息在牆面與地面上。以粒趾虎為首的3種都分布在以南非共和國為主的非洲大陸西南部，特納厚趾虎則廣泛分布於坦尚尼亞以南的非洲大陸南部。

由於粒趾虎屬身體健壯且頭部較大，所以能夠吞食蠍子等大型昆蟲，有時也會捕食小型壁虎。

鈕扣厚趾虎
Chondrodactylus(Pachydactylus) fitzsimoni
●全長：13～19cm
●分布：安哥拉西南部、納米比亞北端地區

粒趾虎
（原名亞種*Chondrodactylus angulifer angulifer*）
●全長：7～8cm　●分布：南非共和國、納米比亞、波札那南部

粒趾虎
（亞種納米比亞守宮*Chondrodactylus angulifer namibensis*）
●全長：7～8cm
●分布：納米比亞西部

特納厚趾虎
Chondrodactylus (Pachydactylus)turneri
●全長：18～20cm
●分布：坦尚尼亞、南非共和國、納米比亞等

壁虎科圖鑑　壁虎亞科

壁虎亞科飛守宮屬

學　名　*Ptychozoon*
英文名　Flying geckos　Parachute geckos
◆生活型態　棲息在牆面

　　飛守宮屬又稱「降落傘守宮」，以「能夠滑翔的壁虎」聞名。飛守宮屬的臉頰、腹側與腳趾之間有展開的皮膚膜，藉此強化空氣阻力，以便在樹與樹間滑翔，據說牠們最遠可以飛約60 m。此外，牠們的尾巴有皺褶，尖端又寬又圓，同樣具備提高空氣阻力的功能。這些器官不僅可減緩牠們落地時的衝擊力，還有助於藏身於樹皮中，增加牠們的擬態成功率。

　　飛守宮主要分布在森林地區的樹上，幾乎不會離開樹到地面活動。目前已知的飛守宮屬共有8種，全部都在東南亞。

飛蹼守宮
Ptychozoon kuhli
●全長：17～19cm
●分布：泰國、緬甸、馬來西亞、印尼等

飛蹼守宮（幼體）

滑飛守宮
Ptychozoon lionotum
●全長：17～19cm
●分布：泰國、緬甸、馬來西亞、印度等

　　目前已知的鱗趾虎屬有33種，分布地區為東南亞至大洋洲。鱗趾虎屬中分布最廣泛的是哀鱗趾虎（*L. lugubris*），從東南亞到大洋洲、澳洲、中國、印度、斯里蘭卡等亞洲國家、日本琉球、塞席爾群島、中美至南美都可以看見牠們的身影。主要是因為哀鱗趾虎中有些個體群較為特殊，屬於孤雌生殖（parthenogenesis），所以單一雌性個體就可以繁殖（但並非所有個體群都可以孤雌生殖）。日本琉球（大東群島除外）與中南美的哀鱗趾虎個體群，幾乎都是藉孤雌生殖繁殖出來的。

　　其他鱗趾虎屬會出現在森林裡，但是哀鱗趾虎很常出現在人造林或城市綠地等經過人為干預的環境。

哀鱗趾虎
Lepidodactylus lugubris

●全長：5～12cm　●分布：亞洲到澳洲等廣泛的區域

壁虎亞科擬壁虎屬

學　名　*Pseudogekko*
英文名　False geckos
◆生活型態　棲息在森林的樹棲型

　　擬壁虎屬是菲律賓固有的屬，僅有4種而已。牠們體格纖細小型，尾巴又細又長，腳趾修長且尖端較寬，趾下薄板細緻，在尖端一分為二。擬壁虎屬的背部鱗片滑順不顯眼，4種的體型均相當小，全長僅8cm左右。

　　牠們主要棲息在樹上，常見於椰子與竹子交錯生長的森林等。

短肢擬壁虎
Pseudogekko brevipes

●全長：8〜10cm　●分布：菲律賓

壁虎亞科半葉趾虎屬

學　名　*Hemiphyllodactylus*
英文名　Half Leaf-fingered geckos
◆生活型態　棲息在森林的樹棲型

　　印度南部、中國南部、大洋洲等共有11種半葉趾虎屬，但是大半物種都只分布在局部地區，只有半葉趾虎廣泛分布於東南亞一帶至中國、太平洋群島等，另外，也散播到夏威夷、日本琉球並已建立穩定族群。半葉趾虎與哀鱗趾虎一樣都屬於孤雌繁殖。半葉趾虎屬的體型細長，特點是身體偏長、四肢偏短。

　　半葉趾虎屬主要棲息在樹上，似乎多半會藏身在樹皮或樹葉下方等。

半葉趾虎
Hemiphyllodactylus typus

●全長：7～10cm　●分布：東南亞、日本（琉球）、南太平洋群島等

壁虎亞科同鱗虎屬

學　名　*Homopholis*
英文名　Velvet geckos
◆生活型態　棲息在乾燥林的樹棲型

　　這是分布在非洲大陸東部至南部的壁虎。以前彎趾虎屬的3種也屬於同鱗虎屬，近年才另外分割出去。同鱗虎屬的體型如圓筒般具有一定厚度，頭部又圓又大，皮膚覆蓋著均質的鱗片，摸起來手感滑順，因此才會有「Velvet geckos」這個英文名稱。這個英文名稱與澳虎亞科的絲絨守宮屬（分布在澳洲）相同。同鱗虎屬的日文名稱為「貓爪守宮屬」，主要是因為牠們的爪子看似貓爪所致。分布在非洲南部的同鱗虎（*H. walbergii*）與穆勒同鱗虎（*H. mulleri*）這2種，全長約達15～18cm屬於偏大型的物種，但是分布在非洲東部的線紋同鱗虎（*H. fasciata*）全長才10cm左右，比較小型。

　　同鱗虎屬棲息在乾燥熱帶莽原、森林與岩石地等，擅長爬上爬下，雖然屬於夜行性，但白天時還是可以見到牠們的身影。

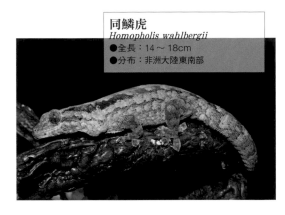

同鱗虎
Homopholis wahlbergii
●全長：14～18cm
●分布：非洲大陸東南部

壁虎科圖鑑　壁虎亞科

線紋同鱗虎
Homopholis fasciata
●全長：9～13cm　　●分布：衣索比亞、肯亞、索馬利亞、坦尚尼亞

壁虎亞科彎趾虎屬

學　名　*Blaesodactylus*
英文名　Velvet geckos

◆生活型態
・棲息在乾燥林的樹棲型（薩卡拉瓦彎趾虎、彎趾虎）
・棲息在森林的樹棲型（安東吉爾守宮）

　　這是從非洲大陸的同鱗虎屬中獨立出來的族群，全部都固定分布在馬達加斯加。原本彎趾虎屬只有3種而已，2011年增加了馬哈贊加彎趾虎（*B. ambonihazo*）後就變成4種。彎趾虎屬比同鱗虎屬大型，連小型種安東吉爾守宮（*B. antongliensis*）全長都有18～21㎝，最大種的彎趾虎（*B. boivini*）甚至有全長可達30㎝的個體群。牠們的皮膚觸感較為光滑，但是背部散布著顆粒狀鱗片。彎趾虎屬的體色均介於灰色至灰褐色間，背部則並列著深色條紋。

　　牠們的主要棲息環境是森林，薩卡拉瓦彎趾虎（*B. sakalava*）與彎趾虎會出現在較乾燥的開闊樹林，安東吉爾守宮則會出現在熱帶雨林。牠們的趾下薄板與爪子發達，主要會在樹幹上活動。

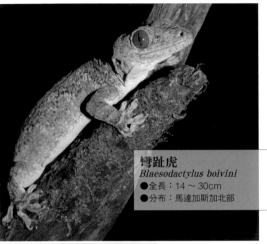

彎趾虎
Blaesodactylus boivini
●全長：14～30cm
●分布：馬達加斯加北部

彎趾虎（幼體）

安東吉爾守宮
Blaesodactylus antongilensis
●全長：18～21cm
●分布：馬達加斯加東北部

薩卡拉瓦彎趾虎
Blaesodactylus sakalava

●全長：14～30cm　　●分布：馬達加斯加南部、西部

壁虎亞科鱗虎屬

學　名　*Geckolepis*
英文名　Fish-scaled geckos
◆生活型態　棲息在森林

　　這是固定分布在馬達加斯加與科摩羅的壁虎，外觀特徵相當明顯。

　　又薄又大的鱗片會像魚鱗一樣互相重疊，看起來就像哺乳類的穿山甲，因此又稱為「穿山甲守宮」。牠們的鱗片相當容易剝落，會在遇到敵人襲擊時剝落鱗片，爭取逃走的時間。當牠們全身的鱗片剝落露出皮膚，看起來就像賭博輸到連衣服都被剝光一樣，所以又稱為「博弈守宮」。鱗虎屬剝落的鱗片很容易再生，因此可視為與斷尾求生相同的舉動。

　　文獻上記錄的鱗虎屬曾經有相當多種，現在已經整合成3種，分別是全長達14cm以上的大型鱗虎（斑鱗虎）、鱗片比其他種更細緻的多鱗虎，以及中型種格氏鱗虎（*G. typica*）。以前的小型種小型鱗虎（*G. petitti*）與異形鱗虎（*G. anomala*），現在均被歸類在格氏鱗虎當中。但是，未來又將這些種視為獨立個體群或亞種的可能性也不低。

　　鱗虎屬主要棲息在森林等地，並擅長爬上爬下。

多鱗虎
Geckolepis polylepis
●全長：10cm左右
●分布：馬達加斯加

斑鱗虎
Geckolepis maculata
●全長：12～14cm　●分布：馬達加斯加

壁虎亞科平尾虎屬

學　名　*Uroplatus*
英文名　Leaf-tail geckos　Flat-tail geckos
◆生活型態　棲息在森林

　　這是藏身能力非常卓越的族群，各種的擬態對象相當豐富，包括棲息處的樹皮、枯葉、落葉與青苔等。最大種的巨平尾虎全長達33cm，最小種的棘肢平尾虎（*U. ebenaui*）全長約8cm，整個平尾虎屬的體型大小差異相當大。中型種到大型種的尾巴會如飯匙般扁平，因此稱為平尾虎屬。平尾虎屬的尾巴是為了擬態成樹葉，才會如此扁平。牠們同樣可以自行斷尾，但是再生尾又小又不明顯。小型種當中，有些種的尾巴本身就非常不明顯。其他還有依擬態的對象，而呈現不同的姿態，例如：有些體緣帶著荷葉邊般的皺褶，有些花紋就像青苔或植被，有些則會呈現樹皮的色澤。小型種的馬加平尾虎（*U. phantasticus*）等全身都像枯葉，常見於竹林的線紋平尾虎（*U. lineatus*），則擁有竹葉般的細長體態。

　　從平尾虎屬的外型可推論出，牠們都棲息在植物茂密的原生樹林，中型種到大型種往往會頭部朝下趴在樹幹上，等待獵物經過；小型種則通常會藏身於草叢中。平尾虎屬是夜行性動物，因此白天會維持擬態的模樣融入周邊環境，並且鮮少移動，所以很難發現。平尾虎屬中所有種都固定分布在馬達加斯加，目前已知有14種左右。

漢氏平尾虎

漢氏平尾虎
Uroplatus henkeli

●全長：26cm左右　●分布：馬達加斯加北部

南部平尾虎
Uroplatus sikorae
●全長：15 ～ 18cm
●分布：馬達加斯加東部、北部

南部平尾虎　　　　　　南部平尾虎（棲息地在北部的個體
　　　　　　　　　　　群／人工飼育繁殖個體）

南部平尾虎
（亞種布拉哈島南部平尾虎
U. s. sameiti）
●全長：15 ～ 18cm
●分布：馬達加斯加東部、北部沿
岸地區

馬達加斯加平尾虎
Uroplatus fimbriatus
●全長：25 ～ 30cm
●分布：馬達加斯加東部

巨平尾虎
Uroplatus giganteus
●全長：28 ～ 32cm

馬達加斯加平尾虎
（棲息地在東北部的個體群）

角平尾虎
Uroplatus phantasticus
●全長：8～9 cm
●分布：馬達加斯加東部、東南部、南部

棘肢平尾虎。被視為地域變異或隱藏種

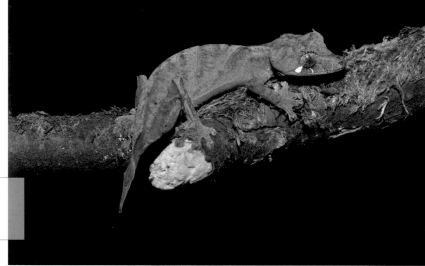

棘肢平尾虎
Uroplatus ebenaui
●全長：7～8 cm
●分布：馬達加斯加東北部

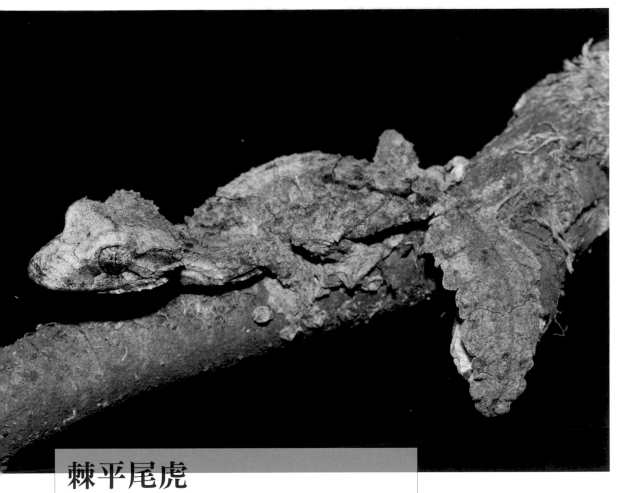

壁虎科圖鑑 壁虎亞科

棘平尾虎
Uroplatus pietschmanni
●全長：12〜14cm　●分布：馬達加斯加東部

線紋平尾虎
Uroplatus lineatus
●全長：25〜27cm
●分布：馬達加斯加東部

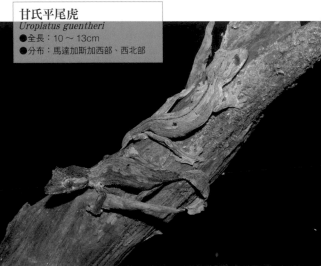

甘氏平尾虎
Uroplatus guentheri
●全長：10〜13cm
●分布：馬達加斯加西部、西北部

壁虎亞科殘趾虎屬

學　名　*Phelsuma*
英文名　Day geckos

◆生活型態
・棲息在牆面
・棲息在森林的樹棲型（貝梅大殘趾虎、克氏殘趾虎、點斑殘趾虎等）
・棲息在乾燥林的樹棲型（巴氏殘趾虎、阿爾達布拉殘趾虎、斯氏殘趾虎、圓臉殘趾虎等）

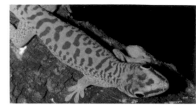

馬達加斯加殘趾虎「火焰」（飼養品種）

　　殘趾虎屬又名「日行守宮屬」，顧名思義就是「日行性的守宮」，而日行性在壁虎當中屬於相當罕見的習性。一般的壁虎都屬於夜行性動物，但是殘趾虎屬都會在有陽光照射的期間活動。牠們的理想體溫偏高，也會進行日光浴。白天時牠們都在樹林間活動，因此許多種的體色都是鮮豔的綠色（乍看很顯眼，但是進入植物間就會成為保護色）。主要棲息在岩石地帶的巴氏殘趾虎等部分種，則會呈現出泛灰色的體色。

　　相較於其他夜行性壁虎擁有貓眼般的縱長瞳孔，殘趾虎屬等日行性動物的瞳孔都是圓形的。牠們的趾下薄板發達，主要在樹上活動，非常擅長爬上爬下。殘趾虎屬的視力很好，行動非常敏捷。大型種斯氏殘趾虎、馬達加斯加殘趾虎中甚至有全長將近30cm的個體。其他種則為小型至中型，大多數的全長都是10～15cm左右。殘趾虎屬中有52種分布在以馬達加斯加為中心的地區，包括科摩羅群島、馬斯克林群島等印度洋島嶼，另外則有數種（東非殘趾虎等）分布在非洲大陸東部到南部之間。

　　殘趾虎屬的食物除了昆蟲，還會舔舐樹汁、成熟的果實等，因此飼養殘趾虎屬時也會將這些食物磨成粉製成配方飼料。

馬達加斯加殘趾虎

（原名亞種東部大殘趾虎
Phelsuma madagascariensis madagascariensis）

●全長：22～28cm　●分布：馬達加斯加東北部

馬達加斯加殘趾虎
（亞種貝梅大殘趾虎
P. m. boehmei）
●全長：22～28cm
●分布：馬達加斯加東部

馬達加斯加殘趾虎
（亞種巨型殘趾虎
P. m. grandis）
●全長：22～28cm
●分布：馬達加斯加北部

馬達加斯加殘趾虎
（亞種考氏大殘趾虎
P. m. kochi）
●全長：22～28cm
●分布：馬達加斯加西北部

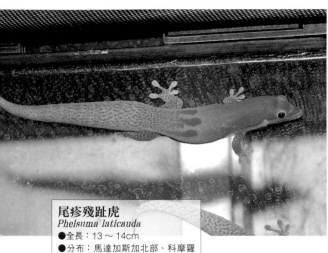

尾疹殘趾虎
Phelsuma laticauda
●全長：13～14cm
●分布：馬達加斯加北部、科摩羅群島

線紋殘趾虎
Phelsuma lineata
●全長：11～14cm
●分布：馬達加斯加

四眼斑殘趾虎
Phelsuma quadriocellata
●全長：9～12cm
●分布：馬達加斯加東部、東南部、北部

鋸尾殘趾虎
Phelsuma serraticauda
●全長：13～15cm
●分布：馬達加斯加東部

壁虎科圖鑑　壁虎亞科

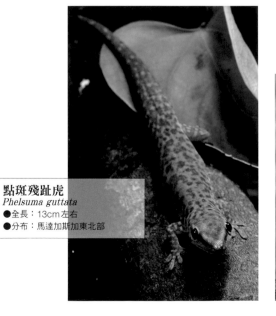

點斑殘趾虎
Phelsuma guttata
●全長：13cm左右
●分布：馬達加斯加東北部

巴氏殘趾虎
Phelsuma barbouri
●全長：12～13cm
●分布：馬達加斯加東北部

普隆克殘趾虎
Phelsuma pronki
●全長：10～11cm
●分布：馬達加斯加中央地區

殘趾虎
Phelsuma cepediana
●全長：15cm左右
●分布：模里西斯共和國

帕氏殘趾虎
Phelsuma parkeri
●全長：12～14cm
●分布：尚吉巴群島（奔巴島）

阿爾達布拉殘趾虎
Phelsuma abbotti
●全長：13～16cm
●分布：馬達加斯加北部至西北部、塞席爾共和國

東非殘趾虎
Phelsuma dubia
●全長：14～15cm
●分布：尚吉巴群島、坦尚尼亞、
科摩羅群島、馬達加斯加

鏽殘趾虎
（亞種雅加列加殘趾虎
Phelsuma borbonica agalegae）
●全長：16cm左右
●分布：馬斯克林群島

節紋殘趾虎
Phelsuma ornata
●全長：10～11cm
●分布：模里西斯共和國

梅藤斯殘趾虎
Phelsuma robertmertensi
●全長：最長11cm左右
●分布：科摩羅群島（馬約特島）

斯氏殘趾虎
Phelsuma standingi
●全長：21～28cm
●分布：馬達加斯加西南部

留尼旺殘趾虎
Phelsuma inexpectata
●全長：12cm
●分布：法屬留尼旺島

克氏殘趾虎
Phelsuma klemmeri
●全長：10cm以下
●分布：馬達加斯加西北部

短頭殘趾虎
Phelsma breviceps
●全長：10～11cm
●分布：馬達加斯加西南部

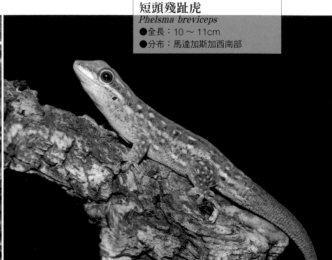

壁虎亞科刺虎屬

學　名　*Ailuronyx*
英文名　Skin-sloughing geckos
◆生活型態　棲息在牆面

　　刺虎屬總共有3種，固定分布在塞席爾群島。體型較為堅實，但是鼻尖特別尖細。覆蓋在表皮的鱗片呈圓錐狀，摸起來較為粗糙。刺虎屬的體色均介於泛黃亮褐色至鮮豔黃色之間，看起來就像閃著低調的光輝一樣，故日本又稱為「青銅虎」。牠們的體色會隨著環境或體溫產生變化，有時會變成黯沉的灰色。刺虎屬的趾下薄板發達，看起來就像日本的小判金幣，具有強大的吸附力能夠抓住垂直面。牠們的動作非常迅速，是逃跑動作特別俐落的壁虎。

　　刺虎屬主要為夜行性動物，但是也會在早晨等陽光照射下的時間點行動。牠們主要食用昆蟲，但也會舔食成熟的果實等。

刺虎
Ailuronyx seychellensis

●全長：15～25cm　●分布：塞席爾共和國

壁虎亞科柳趾虎屬
學　名　*Lygodactylus*
英文名　Dwarf geckos
◆生活型態　棲息在牆面

　　柳趾虎屬與殘趾虎屬一樣，都是擁有圓形眼睛的日行性守宮。體型比殘趾虎屬還要小，幾乎都是全長5〜8cm左右的物種。但是殘趾虎的體型通常都偏扁平狀，柳趾虎屬的體型是較具厚度的圓筒狀，尾巴也較長。雖然柳趾虎屬是日行性的壁虎，但很少像殘趾虎屬的體色那麼鮮豔，大部分是介於灰褐色到褐色之間。其中有些種還帶有別的顏色，例如黃頭柳趾虎的身體就是帶藍的灰色，頭部一帶則染有黃色。這些色澤獨特的種當中，最值得一提的就是青藍柳趾虎，這個種的雄性個體體色會呈現非常

鮮豔的鈷藍色，雌性則會呈現土耳其藍。

　　牠們多半棲息在乾燥樹林、草叢與森林等地區，且會在樹枝或葉尖等爬上爬下。並非全部都屬於日行性，有些種會在昏暗的黃昏或清晨活動。柳趾虎屬同樣除了食用昆蟲，還會舔舐果實、樹汁與花蜜等。共計62種的柳趾虎屬有大半都分布在非洲大陸中部以南或馬達加斯加，只有葦澤柳趾虎（*L. wetzeli*）與克魯格柳趾虎（*L. klugei*）這2種分布在南美洲。

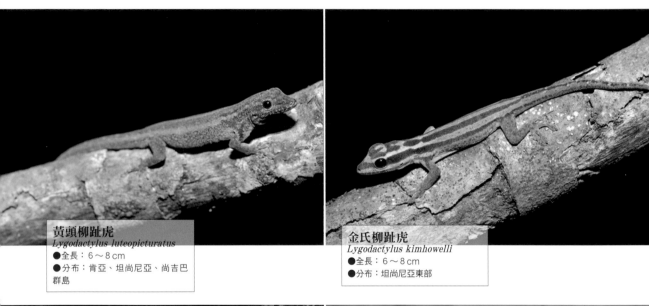

黃頭柳趾虎
Lygodactylus luteopicturatus
●全長：6〜8 cm
●分布：肯亞、坦尚尼亞、尚吉巴群島

金氏柳趾虎
Lygodactylus kimhowelli
●全長：6〜8 cm
●分布：坦尚尼亞東部

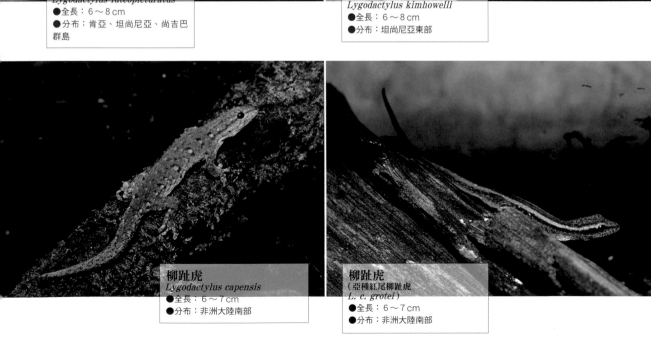

柳趾虎
Lygodactylus capensis
●全長：6〜7 cm
●分布：非洲大陸南部

柳趾虎
（亞種紅尾柳趾虎
L. c. grotei）
●全長：6〜7 cm
●分布：非洲大陸南部

基北柳趾虎
Lygodactylus guebei
●全長：6～7cm
●分布：馬達加斯加中部

顎斑柳趾虎
Lygodactylus pictus
●全長：7cm左右
●分布：馬達加斯加東部

青藍柳趾虎（腹面）

青藍柳趾虎
Lygodactylus williamsi

●全長：6～8cm　●分布：坦尚尼亞東部

壁虎亞科馬加虎屬

學　名　*Millotisaurus*
英文名　—
◆生活型態　棲息在森林的地棲型

　　這是只有奇異馬加虎1種的屬。馬加虎屬固定分布在馬達加斯加，全長僅6cm左右，屬於小型種。馬加虎屬與柳趾虎屬為近緣種，因此近年也愈來愈多人將其視為柳趾虎屬。

　　馬加虎屬的體色為暗褐色，花紋則分成直紋型與斑點型這2種。這些色彩並無雌雄差異或地區差異，單純是依個體而異。牠們多半棲息在森林的地表等，喜歡濕潤陰涼的環境。雖然馬加虎屬有趾下薄板，但是不太發達，所以牠們不太喜歡攀在立體物體上。

　　牠們主要食用小昆蟲，但還不確定是否像柳趾虎屬一樣，有著舐舐樹汁或花蜜的習性。

奇異馬加虎（斑點型）

直紋型

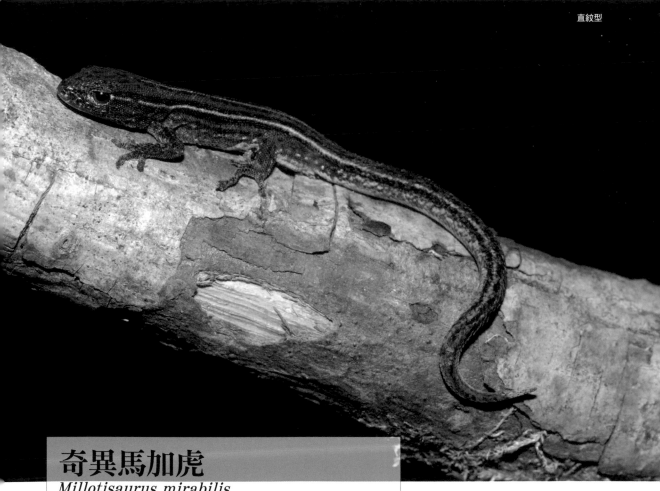

奇異馬加虎
Millotisaurus mirabilis

●全長：6～7cm　●分布：馬達加斯加

　　無爪守宮屬規模非常小，只有2種而已。最具代表性的是無爪虎，主要分布在馬達加斯加島、科摩羅群島、馬斯克林群島等，但是最近在坦尚尼亞的奔巴島也可以看見牠們的蹤跡。另外1種馬哈法利無爪虎（*E. maintimanty*）則僅分布在馬達加斯加南部的部分地區。這2種都是全長僅8cm左右的小型

種，一如其名，都沒有爪子，趾尖也只有分岔成兩側的橢圓形趾下薄板。牠們的鼻尖偏細，背部則並列著細緻尖棘狀鱗片。

　　無爪守宮屬是夜行性動物，無爪虎會經常爬到森林地表層的矮木上等；馬哈法利無爪虎則棲息在乾燥地區，常見於岩石地。

無爪虎
Ebenavia inunguis

●全長：6cm左右　●分布：馬達加斯加東部、科摩羅群島

壁虎亞科蟾蜍虎屬

學　名　*Matoatoa*
英文名　Phantom geckos
◆生活型態　棲息在森林的地棲型

　　英文名稱「Phantom geckos」是幽靈的意思。這是固定分布在馬達加斯加的屬，明文記載的僅有2種。牠們最大的特徵就是體型細長，四肢偏短但體幹偏長。牠們的鱗片相當細緻，散發著沾水般的光澤，看起來就像兩棲類的蟾蜍，因此日本稱其為「蟾蜍虎屬」。雙眼在頭部所占的比例相當大，且往外突出。牠們僅趾尖有樹葉狀的趾下薄板，雖然不算太發達，但仍然可以用尾巴的尖端貼住物體，有助於牠們爬上爬下。

　　蟾蜍虎常見於乾燥開闊的針葉林，很少人親眼目睹的尼羅蟾蜍虎，則會出現在潮濕的雨林樹洞。

尼羅蟾蜍虎
Matoatoa spannringi
●全長：10cm左右
●分布：馬達加斯加東南部的局部地區

蟾蜍虎
Matoatoa brevipes
●全長：5～7cm　●分布：馬達加斯加東南部

壁虎亞科豹貓守宮屬

學　名　*Paroedura*
英文名　Madagascar ground geckos

◆生活型態　・棲息在森林的半地棲型
　　　　　　・棲息在森林的樹棲型（黑框守宮等）

　　豹貓守宮屬的體型範圍較大，從小型到較大型的都有，分布地區以馬達加斯加為中心，並可在科摩羅群島等地看見牠們的蹤影。

　　豹貓守宮屬中所有種的頭部與眼睛都較大，趾下薄板位在趾尖，屬於分岔成兩側的樹葉狀。最知名的豹貓守宮（*P. pictus*）廣泛分布於馬達加斯加的中部以南，常見於乾燥地區。這個種在豹貓守宮屬當中，地棲型的習性最強烈，幾乎不會爬到樹上等。整個豹貓守宮屬的棲息環境非常多樣化，除了常見於乾燥地區的豹貓守宮外，還有主要出現在沿岸岩石地區等地的小型種公主豹貓守宮、主要棲息在原始森林中且會攀爬到矮樹上的斯坦普菲豹貓守宮，以及生活在石灰岩地帶的卡爾斯托豹貓守宮等。最大種（全長達25cm）的黑框守宮則會棲息在雨林高樹上，鮮少降落到地面。

　　黑框守宮擁有全黑的虹膜，尾巴根部則長有數根尖棘，頭部也比其他種大上許多，整體外觀非常獨特。

　　豹貓守宮非常多產，因此繁殖起來很容易，目前已知有案例的累代飼養已經持續達16代了。

壁
虎
科
圖
鑑

壁
虎
亞
科

豹貓守宮
Paroedura picta

●全長：12～15cm　●分布：馬達加斯加南部、中部

豹貓守宮（幼體）

豹貓守宮「Snow」（飼育品種）

豹貓守宮「缺紅」（飼育品種）

豹貓守宮「橘色黃化」（飼育品種）

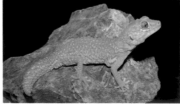
豹貓守宮「黃化無紋」（飼育品種）

豹貓守宮「梯背」（飼育品種）

針刺豹貓守宮
Paroedura bastardi
- 全長：8～14cm
- 分布：馬達加斯加西部、中部、南部

卡爾斯托豹貓守宮
Paroedura karstophila
- 全長：8.5～10cm
- 分布：馬達加斯加西北部

斯坦普菲豹貓守宮
Paroedura stumpffi
- 全長：12～14cm
- 分布：馬達加斯加北部

面具豹貓守宮
Paroedura lohatsara
- 全長：14～16cm
- 分布：馬達加斯加北部

公主豹貓守宮
Paroedura androyensis
- 全長：6～8cm
- 分布：馬達加斯加南部、中部

加西利豹貓守宮
Paroedura gracilis
- 全長：10～12cm
- 分布：馬達加斯加東北部

捲尾豹貓守宮
Paroedura vazimba
- 全長：8～9cm
- 分布：馬達加斯加東北部

黑框守宮
Paroedura masobe
- 全長：16～20cm
- 分布：馬達加斯加東部

壁虎亞科弓趾虎屬

學　名　*Cyrtodactylus*
英文名　Bent-toed geckos　Bow-fingered geckos
◆生活型態　棲息在森林的半地棲型

　　弓趾虎屬恐怕是壁虎亞科中規模最大的屬，有多達174種以上。由於近年仍持續研究中，因此未來勢必還會繼續增加。弓趾虎屬分布範圍以東南亞為中心，並遍布至南亞、西亞與大洋洲。弓趾虎屬沒有趾下薄板，無法攀附在垂直面上，但是細長的趾尖有發達的鉤爪，能夠用來抓住樹木等以利爬上爬下。牠們的腳趾並非筆直的，會彎曲呈弓狀。體型比較纖細，尾巴則偏長。大部分的弓趾虎屬都是全長達12～18cm的中型種，不過也有像伊利安查業弓趾虎這種全長達30cm的大型種。牠們主要棲息在森林，常見於雨林、熱帶雨林等潮濕樹多的地方。弓趾虎屬多半會在地面上活動，但是也會攀爬到樹上等。

勃固弓趾虎
Cyrtodactylus peguensis
●全長：15～18cm　●分布：泰國、馬來西亞西部、緬甸

四線弓趾虎
Cyrtodactylus quadrivirgatus
●全長：最長14cm
●分布：泰國、馬來西亞西部、印尼、新加坡

捲尾弓趾虎
Cyrtodactylus elok
●全長：12～16cm
●分布：馬來西亞西部

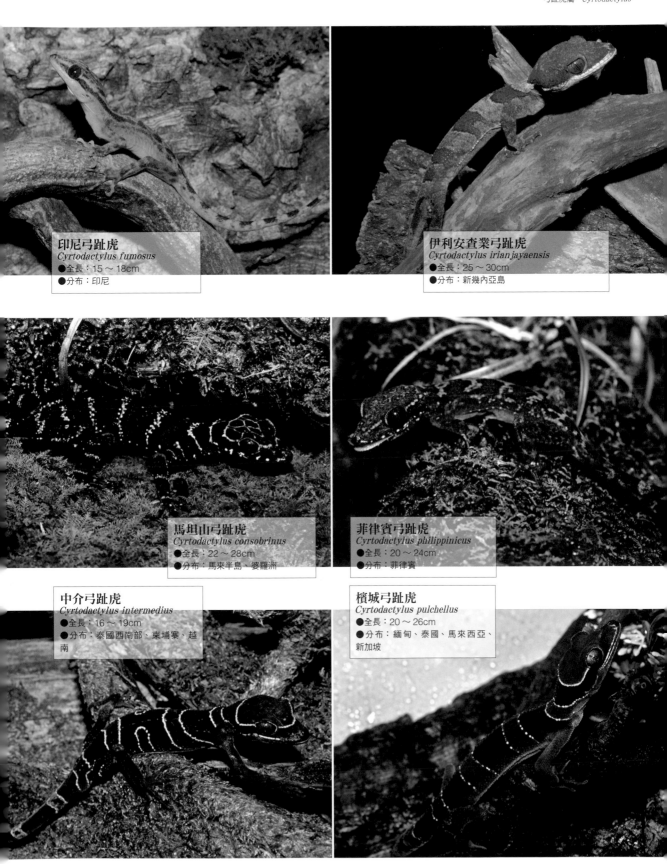

印尼弓趾虎
Cyrtodactylus fumosus
●全長：15〜18cm
●分布：印尼

伊利安查業弓趾虎
Cyrtodactylus irianjayaensis
●全長：25〜30cm
●分布：新幾內亞島

馬坦山弓趾虎
Cyrtodactylus consobrinus
●全長：22〜28cm
●分布：馬來半島、婆羅洲

菲律賓弓趾虎
Cyrtodactylus philippinicus
●全長：20〜24cm
●分布：菲律賓

中介弓趾虎
Cyrtodactylus intermedius
●全長：16〜19cm
●分布：泰國西南部、柬埔寨、越南

檳城弓趾虎
Cyrtodactylus pulchellus
●全長：20〜26cm
●分布：緬甸、泰國、馬來西亞、新加坡

壁虎亞科狹趾虎屬

學　名　*Stenodactylus*
英文名　Short-fingerd geckos
◆生活型態　棲息在乾燥地區的地棲型

狹趾虎屬棲息在沙漠地帶（沙丘等受到細沙覆蓋的地方），雖然沒有趾下薄板，趾下卻擁有像針般伸出的細鱗，這種細鱗會排成一列便於牠們撥沙，但也因此無法攀附在垂直面上。阿拉伯狹趾虎（*S. arabicus*）是狹趾虎屬中唯一一種趾間長蹼的種，上頭的構造擁有宛如日本傳統便於在雪上行走的道具，能夠避免沙子卡在趾間。狹趾虎屬的眼睛大且尾巴細，體色多半為亮褐色至紅褐色之間，不少種的身體都布滿細點。當牠們遭逢外敵時，就會繃緊四肢並將尾巴往正上方豎起以威嚇敵人。之所以這麼做可能是因為豎起尾巴的模樣很像生活在當地的蠍子，但真相尚未明朗。當無法嚇阻敵人時，牠們就會立刻潛入沙中藏起來。

狹趾虎屬是夜行性壁虎，白天時會為了躲避酷熱的沙漠而鑽進沙中。目前已知共有11種，主要分布在阿拉伯半島至非洲北部之間。

波浪狹趾虎
（原名亞種東部波浪狹趾虎
S. s. sthenodactylus）
●全長：8～11cm　●分布：非洲大陸東北部

出沒在棲息地南部的原名亞種東部波浪狹趾虎個體群

波浪狹趾虎
（亞種西部波浪狹趾虎
S. s. mauritanicus）
●全長：8～11cm
●分布：非洲大陸西北部

皮氏狹趾虎
Stenodactylus petrii
●全長：10～12cm
●分布：非洲大陸北部、西奈半島

網紋狹趾虎
Stenodactylus doriae
●全長：10～12.5cm
●分布：阿拉伯半島

壁虎亞科彎腳虎屬

學　名　*Cyrtopodion*
英文名　Bent-toed geckos
◆生活型態　棲息在乾燥地區的地棲型

彎腳虎屬與弓趾虎屬非常相似，牠們擁有細長彎曲的腳趾與發達的鉤爪，且同樣沒有趾下薄板，所以無法攀附在沒有抓附處的垂直面。牠們的體表到處都是顆粒狀的粗鱗，尤以尾巴部分特別明顯。彎腳虎屬比弓趾虎屬還要小，大部分全長約10cm左右。牠們的體色主要介於亮灰色至淺褐色間，相較於喜歡潮濕環境的弓趾虎屬，牠們比較適應乾燥的環境，因此會棲息在含沙漠的荒地、岩石多的荒野與斷崖等。彎腳虎屬多半在有陽光照射的明亮環境下活動，有時還可看見牠們趴在岩石上曬日光浴的模樣。主要分布地區在生物地理學中稱為「舊北區」的薩哈拉以北的非洲大陸、阿拉伯半島至比歐亞大陸喜馬拉雅山更北側的地方。彎腳虎屬共有34種，不過除了長彎腳虎（*C. elongatus*）之外，中亞裡有多達8種都被視為其他的屬（*Tenuidactylus*）。

長彎腳虎
Cyrtopodion elongatus
●全長：7～14cm
●分布：蒙古南部至中國西北部

壁虎亞科棱虎屬

學　名　*Tropiocolotes*
英文名　Pygmy geckos　Sand geckos
◆生活型態　棲息在乾燥地區的地棲型

小耳棱虎
Tropiocolotes steudneri
●全長：6～7cm
●分布：非洲東北部、約旦

　　所有棱虎屬都是全長僅5cm左右的小型種，體型細長，鼻尖與尾巴則偏長。牠們主要棲息在以沙地為主的乾燥地區，趾下薄板不太發達，所以很難爬上爬下。平常多半潛伏在岩石下方或地表窪地，且為夜行性動物。

　　最近有學說指出，沼澤棱虎（*T. helenae*）等分布在伊朗至巴基斯坦的種都是另一屬，棱虎屬僅分布在北非而已。

棱虎
（北非棱虎）
Tropiocolotes tripolitanus
●全長：6～7cm
●分布：非洲大陸北部

沼澤棱虎
Tropiocolotes helenae
●全長：5～6cm
●分布：巴基斯坦、伊朗

壁虎亞科東虎屬
學　名　*Cnemaspis*
英文名　Rock geckos
◆生活型態　棲息在乾燥林的樹棲型

東虎屬多達104種，是擁有圓形瞳孔的日行性壁虎。整個屬的分布範圍廣泛，並按照地理位置主要分成3大群。第1群分布在東南亞大陸地區至婆羅洲島、蘇門答臘等所在的巽他大陸（Sundaland），第2群分布在印度次大陸與斯里蘭卡，第3群則分布在非洲大陸東部至中部。牠們的腳趾沒有趾下薄板或任何突起物等，相當光滑，僅前端擁有鉤爪。東

虎屬中有很多種都擁有顆粒狀鱗片，體型則略為扁平且偏細長。

大多數的東虎屬都是6～10cm左右的小型種，但是近年發現的迷幻東虎（*C. psychedelica*），卻是全長將近15cm的大型種。東虎屬的體色通常是灰色或亮褐色這類不起眼的顏色，但是迷幻東虎卻擁有橘色的四肢與淺紫色的身體，體色相當亮眼。

非洲東虎
Cnemaspis africana
●全長：5～10cm　●分布：肯亞、坦尚尼亞、烏干達、喀麥隆

　　尾虎屬擁有很長的四肢及很大的頭部，加上大眼睛、細脖子與尾巴，整個體型相當不均衡。由於牠們看起來就像在地上徘徊的蜘蛛，因此又稱為「蜘蛛守宮」。尾虎屬沒有趾下薄板，腳趾呈細長的棒狀，雖然無法攀附在垂直面上，但還是很擅長攀爬岩石等立體物體。

　　牠們的瞳孔是壁虎中最常見的縱長狀，雖然擁有這種眼睛的壁虎通常屬於夜行性，但是尾虎屬卻是日行性（更精準的說法，是日夜都會行動）。牠們的眼睛四周有像眼瞼般的突起物，具有遮陽的功能。

　　尾虎屬分布在伊朗、巴基斯坦與阿富汗，目前有記載的是3種，但除了尾虎（*A. persica*）以外，另外2種都經常被視為另一屬。資料上的尾虎全長為7～12㎝，不過實際體型似乎更大一點。牠們主要棲息在沙地或半沙漠地區等乾燥地帶。

尾虎
Agamura persica

●全長：12～14cm　　●分布：伊朗、巴基斯坦、阿富汗

壁虎亞科異虎屬

學　名　*Heteronotia*
英文名　Prickly geckos
◆生活型態　棲息在乾燥地區的地棲型

　　這是固定分布在澳洲的屬，有記載的是3種。身上覆蓋著顆粒狀或圓錐狀的粗鱗，腳趾細緻且沒有趾下薄板。3種中分布最廣的比諾耶異虎，是所有棲息在澳洲乾燥地區中密度最高的一種，因為牠們也會棲息在人造環境中，所以在澳洲旅行時也有很多機會看見。分布密度高使牠們的個體群也相對的多，其中也有彼此間特徵與習性截然不同的個體群。相信未來有一天，這些個體群也會獨立成種。

　　比諾耶異虎裡有孤雌生殖的個體群，但也有會行有性生殖的個體群，因此不同的個體群間也進行雌雄交配繁殖。

比諾耶異虎
Heteronotia binoei

●全長：10～11cm　●分布：澳洲

壁虎亞科羽趾虎屬

學　名　*Ptenopus*
英文名　Barking geckos
◆生活型態　棲息在乾燥地區的地底棲型

壁虎科圖鑑　壁虎亞科

　　這是規模相當小的群體，僅有分布在非洲大陸南部的3種。日本又稱其為「吠守宮」，是因為牠們會用叫聲占地盤，但實際上叫聲並不像「吠」，而是「喀嚓喀嚓」這種按鍵般的聲音。由於牠們會挖很深的洞，因此又稱為「挖洞守宮」。

　　羽趾虎屬的頭部圓潤，身體為圓筒狀，腳趾很長，尤其是後肢的腳趾特別發達。但是牠們沒有趾下薄板，所以沒辦法爬上爬下，相反的，趾下荷葉邊狀的鱗片則有助於牠們挖沙。學名「羽趾虎屬」意思是「腳趾長有羽毛」，指的就是這種鳥羽般的腳趾。牠們棲息在砂礫地區、荒野與乾涸的河川等，並會在地面挖出相當深的巢穴。

考氏羽趾虎
Ptenopus kochi
●全長：最長12cm左右　●分布：納米比亞

長鳴羽趾虎
（亞種斑長鳴羽趾虎
P. garrulus maculatus）
●全長：8～10cm
●分布：南非共和國、納米比亞、波札那、辛巴威

羽趾虎
Ptenopus carpi
●全長：8.5～10cm
●分布：納米比亞西北部沿岸地區

壁虎科圖鑑

《 裂趾壁虎亞科 》
Phyllodactylidae

　　裂趾壁虎亞科一如其名，趾下薄板會裂成兩邊，看起來就像愛心一樣。牠們散布在南北美洲大陸、歐洲至包含阿拉伯半島的中東與局部北非。但是分布地區斷斷續續的，彼此間的關聯性也較為薄弱。

　　裂趾壁虎亞科有 9 屬 113 種。牠們的趾下薄板雖然沒有壁虎亞科那麼發達，但生活環境卻不是偏地棲型，不少種都是以牆面等垂直場所為主。

裂趾壁虎亞科守宮屬

學　名　*Tarentola*
英文名　Wall geckos

◆生活型態　・棲息在牆面
　　　　　　・棲息在乾燥地區的地棲型（頭盔守宮）

守宮屬擁有相當發達的趾下薄板，能夠在岩棚、斷崖與民宅牆面等垂直面俐落移動。牠們擁有又大又發達的下顎，皮膚上覆蓋著顆粒狀鱗片，身形相當健壯。守宮屬常見於乾燥地區，不過在樹木周邊或井水附近等易於攝取水分的地方，也能經常看見牠們的蹤跡。大型種環紋守宮（*T. annularis*）與巨守宮（*T. gigas*）等的雄性成體全長可達25cm。守宮屬的分布地區除了非洲大陸至中東、歐洲南部外，還包括維德角、加那利群島等大西洋島嶼，以及古巴、荷屬安地列斯群島等加勒比海的島嶼。整個守宮屬大約有31種。

頭盔守宮（*T. chazaliae*）以前被單獨分類為1屬1種，現在也被列進守宮屬當中，但是此種的趾下薄板就不太發達，因此幾乎不會在牆面等立體場所活動。

環紋守宮
Tarentola annularis
●全長：15 ～ 18cm
●分布：非洲大陸北部

守宮
Tarentola mauritanica

●全長：15cm　●分布：非洲大陸與歐亞大陸的地中海沿岸地區

巨守宮
Tarentola gigas
●全長：15～18cm
●分布：維德角群島

鞍掛守宮
（亞種塞內甘比亞鞍掛守宮
T. ephippiata senegambiae）
●全長：20cm
●分布：塞內加爾、幾內亞比索

聖尼可拉守宮
Tarentola nicolauensis
●全長：10～12cm
●分布：維德角共和國（聖尼可拉島）

壁虎科圖鑑　裂趾壁虎亞科

頭盔守宮
Tarentola chazaliae
（*Gekonia chazaliae*）
●全長：7～9cm
●分布：摩洛哥南部、茅利塔尼亞、西撒哈拉

裂趾壁虎亞科扇趾虎屬

學　名　*Ptyodactylus*
英文名　Fan-fingered geckos
◆生活型態　棲息在岩地、荒地等半地棲型

　　扇趾虎屬的趾尖會像荷葉般，呈現往外拓展的圓潤狀，看起來就像裝著小小的扇子一樣，因此稱為「扇趾虎屬」。牠們的趾下薄板，就長在扇狀物的背側。目前有9種左右的扇趾虎，連續分布在非洲中部至阿拉伯半島、巴基斯坦等南亞局部地區。扇趾虎屬的體格纖細，四肢較長，頭部較大，下顎也

較為發達。

　　扇趾虎屬多半棲息在岩石地區等，雖然是夜行性動物，有時還是會出來曬太陽。因此飼養扇趾虎屬時，選擇含有紫外線的燈會更益於牠們生存。扇趾虎屬的耐寒性非常高，點斑扇趾虎（*P. guttatus*）等還會冬眠。

扇趾虎
（真鱷扇趾虎）
Ptyodactylus hasselquistii
●全長：16～19cm
●分布：非洲大陸北部至中東

拉加齊扇趾虎
Ptyodactylus ragazzi
●全長：16～19cm
●分布：非洲大陸北部至中部

點斑扇趾虎
Ptyodactylus guttatus

●全長：15～18cm　●分布：非洲大陸東北部、阿拉伯半島西北部

裂趾壁虎亞科索科特拉島虎屬

學　名　*Haemodracon*
英文名　Socotra-Island geckos
◆生活型態　棲息在牆面

索科特拉島虎屬固定分布在索科特拉島（位於阿拉伯半島西南部與非洲西北部之間），以及鄰近的島嶼。目前此屬已確認的僅2種，一種是全長達20cm以上的大索科特拉島虎（*H. riebeckii*），另外一種則是全長不滿8㎝的小型種公主索科特拉島虎（*H. trachyrhinus*）。前者主要棲息在斷崖與巨石周邊、樹幹等處，後者則是棲息於乾涸河川（河道）、草叢、林木叢生處與散布在沙丘上的植被等。

索科特拉島上有種形狀奇特的樹木，叫做「龍血樹」。而索科特拉島虎屬的學名*Haemodracon*，意思是「在龍的附近」。因為最初的索科特拉島虎屬就是在龍血樹附近發現的，所以才會以此命名。

公主索科特拉島虎
Haemodracon trachyrhinus
●全長：4～6 cm
●分布：葉門（索科特拉島）

大索科特拉島虎
Haemodracon riebeckii

●全長：30cm　●分布：葉門（索科特拉島）

裂趾壁虎亞科套趾虎屬

學　名　*Thecadactylus*
英文名　Turnip-tail geckos
◆生活型態　棲息在牆面

套趾虎屬中，分布範圍最廣且最具代表性的是套趾虎（*T. rapicauda*）。套趾虎的尾巴（尤其是再生尾）非常粗，看起來就像蕪菁一樣，因此日文名稱為「蕪菁守宮」。英文名稱中的Turnip，指的就是西洋蕪菁（比日本蕪菁細長，用來形容此屬更為貼切），也是同樣的意思。剩下2種則是近年發現的，分別是聖馬丁套趾虎（*T. oskrobapreinorum*）與南套趾虎（*T. solimoensis*），牠們的尾巴就沒有粗得這麼明顯。套趾虎分布範圍起始於墨西哥南部，經過中美跨至南美大陸北部，南套趾虎則分布在南美大陸西北部，聖馬丁套趾虎僅固定分布在安地列斯群島的聖馬丁島。套趾虎屬的趾下薄板較為發達，擅長在垂直的牆面等活動。

壁虎科圖鑑　裂趾壁虎亞科

聖馬丁套趾虎
Thecadactylus oskrobapreinorum
●全長：15～20cm
●分布：法屬聖馬丁島

套趾虎
Thecadactylus rapicauda

●全長：15～20cm　●分布：墨西哥至南美大陸北部

壁虎科圖鑑

《 鼓趾虎亞科 》
Carphodactylinae

鼓趾虎亞科的模式（分類上的基礎）屬是變色龍屬（*Carphodactylus*），因此又稱為「變色龍亞科」，是與澳虎非常親近的近緣種。有些學者會把這 2 個亞科合在一起，將鼓趾虎亞科視為澳虎亞科。鼓趾虎亞科與近緣的澳虎亞科一樣，尾巴再生能力都很弱，再生出來的尾巴不是很短，就是形狀與原本尾巴相差甚遠。

鼓趾虎亞科共有 7 屬 28 種，全種固定分布在澳洲。

瘤尾虎屬的特徵是大型頭部、短胖身體，以及又寬又短的尾巴等。瘤尾虎屬全種的尾巴尖端，都會有小小的豆狀突起物，因此日文稱為「玉尾守宮」。英文名「Knob-tailed geckos」的意思，就是像門把般的尾巴。主要分成體表滑順的細皮瘤尾虎（*N. levis*），以及體表長有花環狀鱗片的棘皮瘤尾虎（*N. amyae*）。目前已經有9種瘤尾虎屬，且均完全棲息在地面。

瘤尾虎屬常見於荒地與沙漠地帶，細皮瘤尾虎、光鼻瘤尾虎（*N. laevissimus*）與伯納蒂瘤尾虎（*N. deleani*）等，則會在沙質土壤中挖穴棲息。

另一方面，棘皮瘤尾虎與瘤尾虎（*N. asper*）則以岩石陰暗處為家，不會挖掘巢穴。當牠們遭逢敵人時，會張開四肢、抬起身體，並張大嘴巴威嚇對方，有時還會發出尖銳的聲音。

細皮瘤尾虎（白化）

細皮瘤尾虎（白化）

細皮瘤尾虎
（原名亞種細皮瘤尾虎 *Nephrurus levis levis*）

●全長：10～12cm　●分布：澳洲內陸地區

細皮瘤尾虎
（亞種西澳細皮瘤尾虎
N. l. occidentalis）
●全長：10 ～ 12cm
●分布：澳洲西部

細皮瘤尾虎
（亞種皮巴拉細皮瘤尾虎
N. l. pilbarensis）
●全長：10 ～ 12cm
●分布：澳洲西北部

壁虎科圖鑑　鼓趾虎亞科

棘皮瘤尾虎
Nephrurus amyae

●全長：13 ～ 15cm　●分布：澳洲（北領地）

橫帶棘皮瘤尾虎
Nephrurus wheeleri
●全長：13～15cm
●分布：澳洲西部

橫帶棘皮瘤尾虎「Broken band」

光鼻瘤尾虎
Nephrurus laevissimus
●全長：10cm左右
●分布：澳洲西部

伯納蒂瘤尾虎
Nephrurus deleani
●全長：10～11cm
●分布：澳洲（南澳洲）

星點瘤尾虎
Nephrurus stellatus
●全長：10cm左右
●分布：澳洲南部

瘤尾虎
Nephrurus asper
●全長：12cm左右
●分布：澳洲

鼓趾虎亞科葉尾虎屬

學　名　*Phyllurus*
英文名　Leaf-tailed geckos
◆生活型態　棲息在乾燥林的樹棲型

　　葉尾虎屬固定分布在澳洲，擁有樹皮般的體色，以及宛如枯葉的寬尾，因此稱為「葉尾虎屬」。世界上有2屬的中文名稱都是「葉尾虎屬」，分別是*Phyllurus*屬與*Saltuarius*屬（體型更大且棘狀突出更明顯）。這2屬的外觀相似，有時會被視為同屬。葉尾虎屬共有10種，其中尾環葉尾虎（*P. caudiannulatus*）等3種的尾巴並不寬。其他種都擁有落葉般的寬尾巴，能夠擬態成落葉等。

　　牠們多半出沒在充滿岩石的丘陵地等，白天則會藏在洞窟牆面、岩石縫隙或樹洞等。雖然牠們會在夜間時活動，但是不太頻繁移動，會維持頭部朝下的姿勢，埋伏著等待捕捉經過下方的昆蟲。

葉尾虎
Phyllurus platurus
●全長：16～18cm
●分布：澳洲（新南威爾斯州）

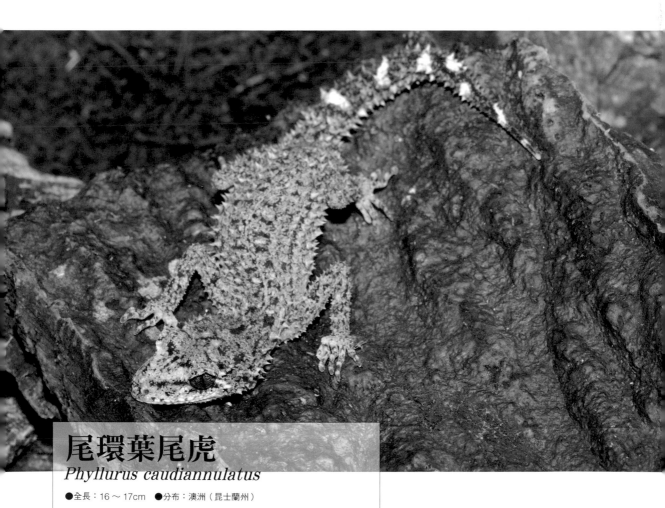

尾環葉尾虎

Phyllurus caudiannulatus

●全長：16～17cm　●分布：澳洲（昆士蘭州）

　　外型與瘤尾虎屬有些相似，但是尾巴的尖端沒有球狀突起物，且長度較長，整體形狀也不一樣。本屬除了最為人熟知的澳裸趾虎（*U. milii*），還有新南威爾斯裸趾虎（*U. sphyrurus*）與皮巴拉繼尾虎（*U. seorsus*），共計3種。有時新南威爾斯裸趾虎會被視為別屬，有時則會將瘤尾虎屬也納入本屬，但是贊同的人並不算多。

　　牠們棲息在「石楠」組成的矮樹地區、潮濕的硬葉林、乾燥草叢或擁有大量岩石的斜面等。繼尾虎屬是夜行性動物，白天會棲息在傾倒的樹木下或岩石裂縫中。牠們在自然環境下的獵食週期很長，往往3～4天才會捕餌一次。澳裸趾虎是繼尾虎屬中較常看到飼育下繁殖的種，市場上通常以屬名「*Underwoodisaurus*」或「星點守宮」流通。

澳裸趾虎
Underwoodisaurus milii

●全長：13～15cm　●分布：澳洲南部

壁虎科圖鑑

《 澳虎亞科 》
Diplodactylinae

澳虎亞科主要在澳洲發展，其中也有數屬分布在東邊的紐西蘭、東北部近郊的新喀里多尼亞。尾巴的再生能力比其他亞科還要弱，大部分情況下都只會再長出極短的再生尾，有時甚至一度切斷尾巴後就無法再生了。

澳虎亞科共有 14 屬 142 種，有人認為瘤尾虎屬也應視為澳虎亞科。此外，澳虎亞科的分類近年面臨劇烈的變更，又細分出了更多的屬，例如：澳虎屬（*Diplodactylus*）、絲絨守宮屬（*Oedura*）、多趾虎屬（*Rhacodactylus*）、武趾虎屬（*Hoplodactylus*）等。

這是固定分布在澳洲的屬，體型較為短胖，四肢也偏短，主要棲息在地面上。牠們按照趾下薄板的形狀與體型分成數個族群，其中有些更被視為獨立的屬。多數澳虎屬體表滑順，且為全長不到10cm的小型種。牠們主要棲息在岩石地區與沙地等乾燥地區或半乾燥地區，不過像波紋澳虎（*D. vittatus*）等就棲息在森林。牠們會利用其他動物挖掘的巢穴為家，盔澳虎（*D. galeatus*）等則是居住在地棲型的大型蜘蛛所挖掘的巢穴。

牠們的趾下薄板不太發達，雖然並非無法攀附在牆壁上，但是多半不會這麼做，主要是在地面上活動。

西部澳虎
Diplodactylus granariensis
●全長：6～7cm
●分布：澳洲西部至南部

波紋澳虎
Diplodactylus vittatus
●全長：8～9cm　●分布：澳洲東南部

盔澳虎
Diplodactylus galeatus
●全長：6～7.5cm
●分布：澳洲中央地區

棋斑澳虎
Diplodactylus tessellatus
●全長：6～7cm
●分布：澳洲東部的內陸地區

壁虎科圖鑑　澳虎亞科

美麗澳虎
Diplodactylus pulcher
●全長：10～11cm
●分布：澳洲西南部

　　澳虎屬中有接近半數的種都移到盧氏虎屬了。盧氏虎屬與澳虎屬為近緣，體幹有些細長，四肢與尾巴都偏長。與澳虎屬一樣都固定分布在澳洲，現在約有11種左右。

　　盧氏虎屬的生活史以澳虎屬為準，主要棲息在乾燥地區至半乾燥地區的地面上。牠們會藏在岩石、傾倒的樹木下方或其他動物挖掘的巢穴等，直到夜間才開始活動。

盧氏虎
Lucasium damaeum

●全長：8～10cm　　●分布：澳洲

側紋盧氏虎
Lucasium steindachneri
●全長：8cm左右
●分布：澳洲東部

脊紋盧氏虎
Lucasium stenodactylum
●全長：8cm左右
●分布：澳洲中部至西北部

壁虎科圖鑑　澳虎亞科

大斑盧氏虎
Lucasium byrnei
●全長：8cm左右
●分布：澳洲中東部

　　澳虎屬中的種已經分割至許多其他屬當中，其中體型較細且尾巴較長的族群，就被歸類到「刺尾守宮屬」。刺尾守宮屬中大多數的種，都擁有細長體型，尾巴又粗又長，且背部與尾巴多半長有整列的顆粒狀鱗片。像睫澳虎（*S. ciliaris*）、多刺澳虎（*S. spinigerus*）與威靈頓澳虎（*S. wellingtonae*）等，尾巴就長有整列發達的棘狀鱗片。其中最大種的睫澳虎全長達15cm，最小種的帶尾澳虎（*S.*

taeniatus）全長約8cm。刺尾守宮屬中有幾種遇到威脅時，會抬起尾巴威嚇對方，如果敵方還是沒有退怯的話，就會從尾巴分泌出具刺激性的黏液射向對手的眼睛，這是在壁虎科中相當罕見的防禦行為。

　　牠們多半棲息在乾燥林與半乾燥地區的草叢中，趾下薄板比澳虎屬或盧氏虎屬還要發達，所以經常在樹上行動。目前已知刺尾守宮屬有17種。

多刺澳虎
Strophurus spinigerus
●全長：9～11cm
●分布：澳洲西南部

藍氏澳虎
Strophurus rankini
●全長：11～12cm
●分布：澳洲西部

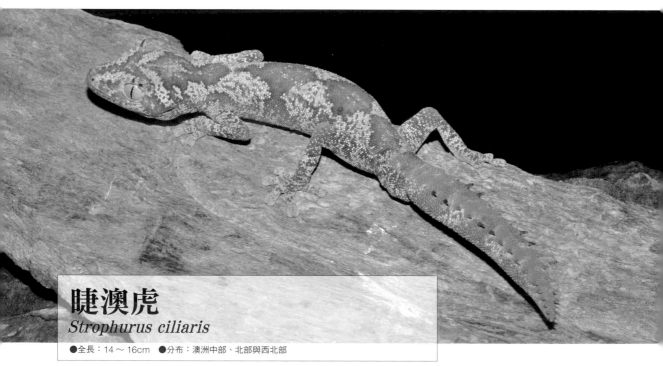

睫澳虎
Strophurus ciliaris

●全長：14～16cm　●分布：澳洲中部、北部與西北部

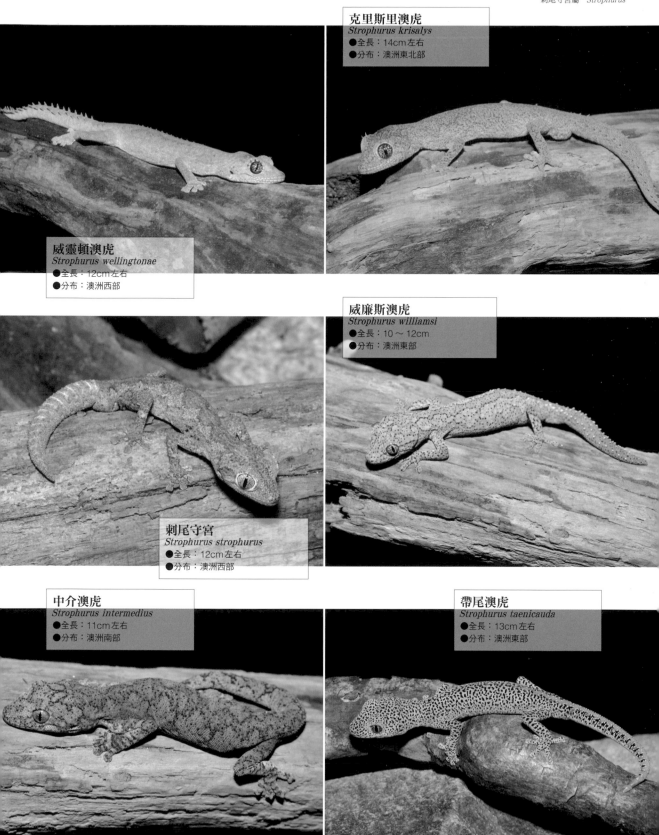

克里斯里澳虎
Strophurus krisalys
●全長：14cm左右
●分布：澳洲東北部

威靈頓澳虎
Strophurus wellingtonae
●全長：12cm左右
●分布：澳洲西部

威廉斯澳虎
Strophurus williamsi
●全長：10～12cm
●分布：澳洲東部

刺尾守宮
Strophurus strophurus
●全長：12cm左右
●分布：澳洲西部

中介澳虎
Strophurus intermedius
●全長：11cm左右
●分布：澳洲南部

帶尾澳虎
Strophurus taenicauda
●全長：13cm左右
●分布：澳洲東部

澳虎亞科多趾虎屬

學　名　*Rhacodactylus*
英文名　New caledonian geckos
◆生活型態　棲息在森林

　　多趾虎屬固定分布在新喀里多尼亞與屬島，包含了中型至非常大型的物種。最大型的繼尾多趾虎全長達35cm，在整個壁虎科中也是最大型的。多趾虎屬全種的趾下薄板都很發達，吸附在物體上的能力很強。此外，尾巴下方也有類似趾下薄板的組織，能夠幫助牠們吸附在牆面上。

　　牠們的棲息地區以森林等地為中心，屬於夜行種。牠們除了會吃昆蟲類與小型爬蟲類外，也喜歡食用成熟果實與樹液等，尤其是繼尾多趾虎與坎納那多趾虎特別明顯。市面上已經按照這種習性，推出專為牠們調配的粉末狀飼料。多趾虎在人工飼育下的繁殖相當活絡，屬內全種都經過繁殖並在市場

上流通（但是流通量有多有少，差距相當大）。其中，市場俗名為「crested gecko」的睫角守宮（*R. ciliatus*），繁殖個體的流通量相當大。

　　雖然多趾虎屬有7種，但是近年的分類愈來愈細，有好幾種都已經分到其他屬了。還留在本屬的有繼尾多趾虎、多趾虎、粗吻多趾虎，以及有時被視為亞種的粗鱗多趾虎，共計4種。坎納那多趾虎則已經被移到*Mniarogekko*屬，且屬中只有這1種。睫角守宮與勃隆尼多趾虎這2種，則已經移到新出現的*Correlophus*屬。但是本書沿用過去的分類法，將其視為1屬。

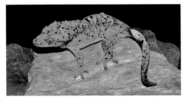
睫角守宮「超級大麥町」（飼育品種）

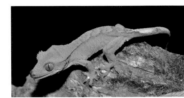
睫角守宮「火焰」（飼育品種）

睫角守宮「超級小丑」（飼育品種）

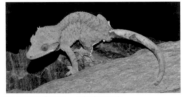
睫角守宮「老虎」（飼育品種）

睫角守宮「深紅」（飼育品種）

睫角守宮「Black」（飼育品種）

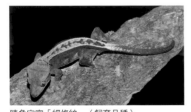
睫角守宮「細條紋」（飼育品種）

睫角守宮
Rhacodactylus ciliatus

●全長：20cm　●分布：新喀里多尼亞

勃隆尼多趾虎
Rhacodactylus sarasinorum
●全長：23 ～ 27cm
●分布：新喀里多尼亞

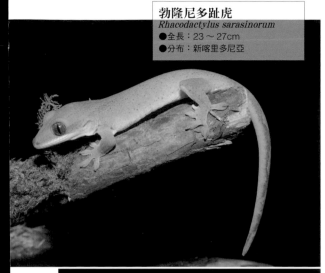

坎納那多趾虎
Rhacodactylus chahoua
●全長：22 ～ 25cm
●分布：新喀里多尼亞

勃隆尼多趾虎「White collar」

多趾虎
Rhacodactylus leachianus
●全長：15cm
●分布：新喀里多尼亞

勃隆尼多趾虎「Shoulder stripe」

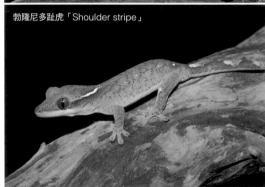

多趾虎「Super red」

多趾虎「Tri-stripe」

繼尾多趾虎
（原名亞種 *Rhacodactylus leachianus leachianus*）
●全長：35～40cm
●分布：新喀里多尼亞

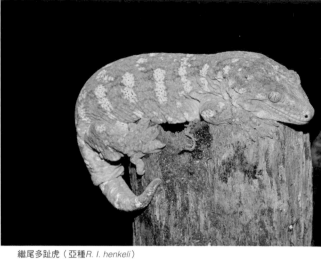

繼尾多趾虎（亞種 *R. l. henkeli*）

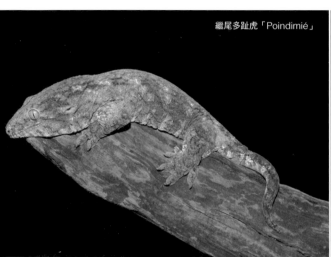

繼尾多趾虎「Poindimié」

繼尾多趾虎「Yaté」

粗吻多趾虎
Rhacodactylus trachyrhynchus
●全長：27～32cm
●分布：新喀里多尼亞（本島）

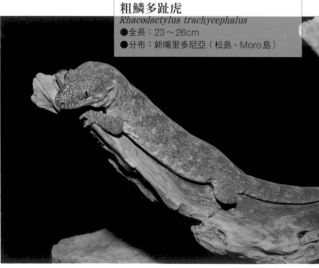

粗鱗多趾虎
Rhacodactylus trachycephalus
●全長：23～26cm
●分布：新喀里多尼亞（松島、Moro島）

澳虎亞科巴虎屬

學　名　*Bavayia*
英文名　Bavay's geckos　Partie geckos
◆生活型態　棲息在森林

　　這是固定分布在新喀里多尼亞嶼屬島的澳虎亞科之一，在充滿各種奇特形狀的奧虎亞科當中，巴虎屬的身體特徵並不算明顯，看起來相當普通。牠們的趾下薄板很發達，攀附在牆面上的能力很強，動作非常迅速，會以相當快的速度逃跑。巴虎屬共有13種，最大種的粗頸巴虎（*B. crassicollis*）全長達17cm，最小種的公主巴虎（*B. pulcella*）等3種的全長約9cm。

　　牠們喜歡有些涼爽濕潤的環境，多半棲息於森林等。平常主要在樹上或牆面活動，但是受到驚嚇時通常會跑到地面落葉枯枝層。英文名之一「Partie geckos」，則源自於牠們團體生活的習性。由於牠們習慣了多隻個體同居於一個場所，因此對同為壁虎科的生物不會抱持太多的地盤意識。

強壯巴虎
Bavayia robusta

●全長：18cm左右　●分布：新喀里多尼亞

托那里巴虎
Bavayia geitaina
●全長：10～13cm
●分布：新喀里多尼亞

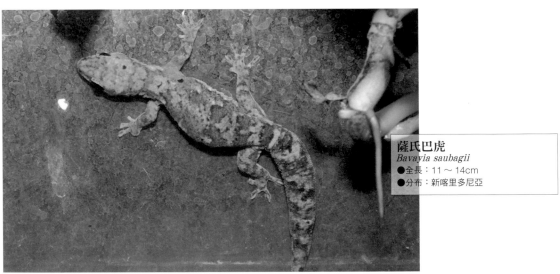

薩氏巴虎
Bavayia saubagii
●全長：11～14cm
●分布：新喀里多尼亞

巴虎
Bavayia cyclura
●全長：11～14cm
●分布：新喀里多尼亞

澳虎亞科絲絨守宮屬

學　名　*Oedura*
英文名　Velvet geckos
◆生活型態　棲息在牆面

　　絲絨守宮屬在固定分布於澳洲的澳虎亞科中，屬於以立體活動為主的類型。屬內大多數都分布在澳洲東部，有數種同時也分布在澳洲西部。牠們的體型扁平，尾巴又粗又顯眼。大部分的種都擁有明顯的斑紋，且幼體與成體時的紋路多半不同。因為皮膚質感滑順，故被稱為「絲絨守宮」。絲絨守宮屬內多為中型種，最大型的絲絨守宮（*O. marmorata*）全長約18cm，最小型的瘦絲絨守宮（*O. obscura*）全長約11cm。牠們會棲息在乾燥森林與岩石地區，並會在岩石與樹上爬來爬去。絲絨守宮屬是夜行性動物，白天會藏身在岩石裂縫或樹洞等處。牠們主要棲息地以乾燥地區為主，非常耐餓與耐渴，在某些時期，牠們也常在不攝取水分與

卡氏絲絨守宮「白化」

食物的情況下度過數個月。

　　絲絨守宮屬有16種，但是隨著分類愈來愈細，其中數種有時會被歸類到他屬。

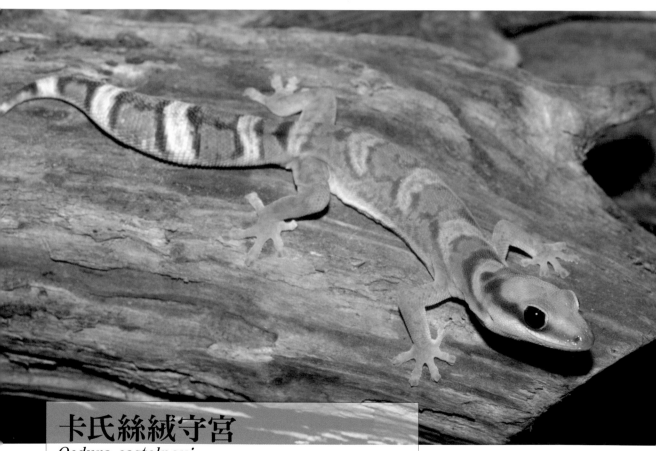

卡氏絲絨守宮

Oedura castelnaui

●全長：15～17cm　●分布：澳洲（昆士蘭州、約克角半島）

孔雀絲絨守宮
Oedura monilis
●全長：16～20cm
●分布：澳洲（新南威爾斯州、昆士蘭州）

強壯絲絨守宮
Oedura robusta
●全長：15cm
●分布：澳洲

絲絨守宮
Oedura marmorata
●全長：20cm
●分布：澳洲東北部、西部

星點絲絨守宮
Oedura tryoni
●全長：20cm
●分布：澳洲東部

斑點絲絨守宮
Oedura coggeri
●全長：12～14cm
●分布：澳洲（昆士蘭州、約克角半島）

斑點絲絨守宮（幼體）

澳虎亞科寬趾虎屬

學　名　*Eurydactylodes*
英文名　—
◆生活型態　棲息在森林

　　這是固定分布在新喀里多尼亞的屬，體型比較小，尾巴較長，且身上覆蓋著大小不一的鱗片，外觀相當特殊。牠們最大的特徵是嘴角到鼓膜間有條長溝，看起來就像嘴巴裂開一樣，因此日文名稱為「裂口守宮」。寬趾虎屬共有4種，所有種的全長都是10～12cm，且雌性的體型會比雄性還要大隻。

　　寬趾虎屬主要棲息在河川沿岸的雨林等高濕度場所。雖然是樹棲型物種，不過在草叢或矮樹叢中也很常看見牠們的蹤跡。寬趾虎屬會以抱住樹枝的方式行動，不太會攀附在像是牆面等平坦的場所。牠們白天時會在樹洞或茂密林葉中睡眠，到了夜晚才開始行動。寬趾虎屬的動作較為緩慢，在飼育情況下鮮少有迅速地四處逃跑等行為。牠們主要食用

寬趾虎
Eurydactylodes vieillardi
●全長：10～12cm
●分布：新喀里多尼亞

昆蟲，但是也會舔舐成熟的果實或樹汁等。

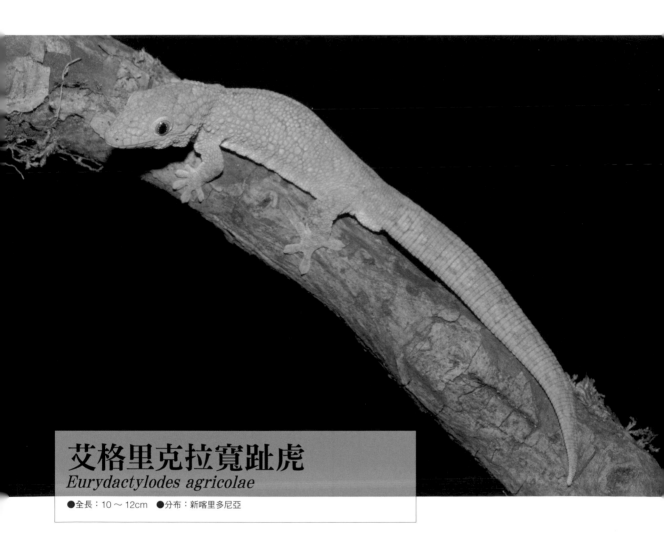

艾格里克拉寬趾虎
Eurydactylodes agricolae
●全長：10～12cm　●分布：新喀里多尼亞

　　武趾虎屬是固定分布在紐西蘭的壁虎，與同樣固定分布在紐西蘭的紐西蘭壁虎屬不同，體色都是褐色、灰色或橄欖色等不顯眼的色彩。武趾虎屬是夜行性動物，擁有發達的趾下薄板，會進行立體活動，不過牠們出現在林木枝葉或葉片上的機率大於牆面。牠們的動作比紐西蘭壁虎屬更敏捷，會活潑地到處走動、捕食。

　　武趾虎屬是卵胎生動物，會直接生出幼體。擁有同樣特徵的只有近緣的紐西蘭壁虎屬，以及同為澳虎亞科的粗吻多趾虎與粗鱗多趾虎2種。以壁虎科來說，這是相當稀有的特徵。

　　武趾虎屬含有10種，除此之外還有許多未記載的物種與地區個體群，因此分類應該還會有所改變。或許也會隨著分類的改變，將部分的種移到新的屬當中。

武趾虎
Hoplodactylus maculatus

●全長：14cm　　●分布：紐西蘭

澳虎亞科紐西蘭壁虎屬

學　名　*Naultinus*
英文名　Green geckos
◆生活型態　棲息在森林的半地棲型

　　放眼全世界，體色為綠色的壁虎除了紐西蘭壁虎屬外，也只有分布在馬達加斯加的殘趾虎屬，由此可看出這種顏色多麼罕見。紐西蘭壁虎屬與武趾虎屬一樣，都固定分布在紐西蘭，但是武趾虎屬是夜行性動物，紐西蘭壁虎屬則是日行性動物。

　　從紐西蘭壁虎屬的體色來看，會推測牠們應該是樹棲型物種，但是由於其趾下薄板較不發達，所以實際上比較偏向地棲型，頂多是攀到矮樹上。在

長有青苔的岩棚等處，經常可以發現牠們的蹤影。牠們的行動緩慢，通常會以埋伏的方式狩獵。紐西蘭壁虎屬在壁虎科當中屬於相當長壽的種，有時甚至可以活到30年以上。

　　紐西蘭壁虎屬共有8種，但是這些種在自然環境下會自然雜交，因此有人認為彼此間應視為亞種關係而非種。

葛氏紐西蘭壁虎
Naultinus grayi

●全長：16～19cm　●分布：紐西蘭北部

壁虎科圖鑑

〈 擬蜥亞科 〉
Eublepharinae

　　擬蜥亞科的在壁虎科中相當特別，光從「擬蜥」字面上來看，很多人會以為是「蜥蜴類」，與「壁虎」間的關係相差甚遠，但是其實擬蜥亞科也屬於壁虎科的一種。壁虎科沒有眼瞼，但是擬蜥亞科卻擁有眼瞼，且沒有趾下薄板，腳趾為筆直的棒狀。牠們的特徵就像非壁虎科的蜥蜴，因此定位上較為特殊──雖然屬於（在蜥蜴類中為例外的）壁虎科，身上的特徵卻比較接近其他蜥蜴類而非壁虎科」，所以才會稱為「擬蜥」。

　　擬蜥亞科沒有趾下薄板，因此大部分都棲息在地表。例外的貓守宮屬（*Aeluroscalabotes*）會使用鉤爪爬樹，但是沒辦法攀附在牆面上。擬蜥亞科全體皆為夜行性動物，並無日行種。

　　擬蜥亞科共有6屬28種，分布範圍包括南北美洲大陸、自南亞經中亞地區到西亞、非洲大陸中部、東南亞、東亞，且通常每一屬會集中分布在特定地區，另外也有幾種固定分布在日本琉球的擬蜥亞科。

擬蜥亞科帶紋守宮屬

學　名　*Coleonyx*
英文名　Banded geckos

◆生活型態

・棲息在乾燥地區的地棲型（德州帶紋守宮、帶紋守宮）
・棲息在森林的地棲型（猶加敦帶紋守宮、中美帶紋守宮）

猶加敦帶紋守宮
（幼體）

　　帶紋守宮屬分布在北美洲西南部、墨西哥至中美洲南部，整個美洲大陸裡除了帶紋守宮屬，沒有其他擬蜥類。一如英文名稱「Banded geckos」，帶紋守宮屬中有許多種身上都帶著亮色與暗色交錯的環狀紋，幼體時的色彩對比度更是格外明顯。帶紋守宮屬在擬蜥亞科中偏小型，全長約13～15cm。最小型的德州帶紋守宮（*C. brevis*）全長為12cm以下。帶紋守宮屬共有7種，其中帶紋守宮（*C. variegatus*）擁有相當多的亞種。

　　帶紋守宮屬的種數不算多，但是棲息環境五花八門。猶加敦帶紋守宮（*C. elegans*）與中美帶紋守宮（*C. mitratus*）棲息在中美洲的熱帶雨林；德州帶紋守宮與帶紋守宮棲息在美國西南部等沙漠地帶或乾燥地區。此外，有些種則以岩石地區為主要棲息環境。

猶加敦帶紋守宮

Coleonyx elegans

●全長：17～20cm　●分布：墨西哥、貝里斯、瓜地馬拉、薩爾瓦多

中美帶紋守宮
Coleonyx mitratus
●全長：18～19cm
●分布：瓜地馬拉至巴拿馬

帶紋守宮
（原名亞種西部帶紋守宮
Coleonyx variegatus variegatus）
●全長：12～15cm
●分布：美國西南部至墨西哥（下加
州半島）

帶紋守宮
（亞種土森帶紋守宮
C. v. bogerti）
●全長：10～13cm
●分布：美國西南部至墨西哥西北部

帶紋守宮
（亞種猶他帶紋守宮
C. v. utahensis）
●全長：10～13cm
●分布：美國南部

德州帶紋守宮
Coleonyx brevis
●全長：10～12cm
●分布：美國（德州、新墨西哥州）

德州帶紋守宮（幼體）

擬蜥亞科洞穴擬蜥屬

學　名　*Goniurosaurus*
英文名　Cave geckos
◆生活型態　棲息在森林的地棲型

又稱「東洋擬蜥屬」，一如其名，本屬分布在東亞至東南亞局部地區，日本也看得見牠們的蹤影，目前日本的洞穴擬蜥屬分布地區以琉球為中心，共有5種（請參照P101）。

東洋擬蜥屬可概分為體型細長且四肢尾巴都偏長的族群，以及身體粗短且四肢尾巴都偏短的族群。最大型的越南豹紋守宮（*G. araneus*，全長約23cm）、中國豹紋守宮（*G. luii*）等屬於前者，海南洞穴守宮（*G. hainanensis*）、中國洞穴守宮（*G. lichtenfelderi*）等屬於後者。分布在海南島的霸王

嶺守宮（*G. bawanglingensis*）則不屬於這兩者，外觀條件比較像帶紋守宮屬。洞穴擬蜥屬全種在幼體時，都擁有偏黑的底色與桃色或黃色的細橫紋。底色會隨著成長愈來愈淡，通常也會出現細小的斑紋。另外，此屬中虹膜帶有紅色的物種也很多。洞穴擬蜥屬主要棲息在山間斜面、洞窟、森林內岩石地區等，目前已知有14種，但是近年隨著研究陸續發現了新種，因此繼續增加的可能性相當高。2013年也出現了新種荔枝守宮（*G. liboensis*）。

海南洞穴守宮
（亞成體）

海南洞穴守宮
（黑眼珠型）

海南洞穴守宮
（幼體）

海南洞穴守宮
（幼體）

海南洞穴守宮
Goniurosaurus hainanensis

●全長：15～18cm　●分布：中國（海南島）

壁虎科圖鑑　擬蜥亞科

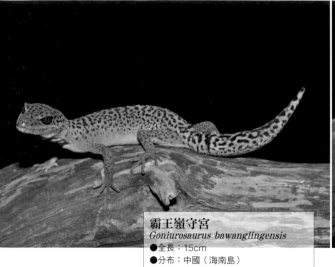

霸王嶺守宮
Goniurosaurus bawanglingensis
●全長：15cm
●分布：中國（海南島）

霸王嶺守宮

吉婆島守宮
Goniurosaurus catbaensis
●全長：15〜18cm
●分布：越南

越南豹紋守宮
Goniurosaurus araneus
●全長：23〜25cm
●分布：越南

中國豹紋守宮
Goniurosaurus luii
●全長：17〜20cm
●分布：中國、越南

友蓮守宮
Goniurosaurus huuliensis
●全長：17〜20cm
●分布：越南東北部

擬蜥亞科擬蜥屬

學　名　*Eublepharis*
英文名　Eylid geckos　Leopard geckos
◆生活型態　棲息在乾燥地區的地棲型

　　擬蜥屬是擬蜥亞科的基礎，又稱為「亞洲守宮屬」。分布地區為印度、巴基斯坦等南亞至中亞局部地區，並遠至西亞的伊朗。在整個壁虎科甚至是整個爬蟲類中，以寵物爬蟲類聞名的豹紋守宮（*E. macularius*）即是擬蜥屬，綜觀整個爬蟲類愛好者的世界，豹紋守宮是非常受歡迎的一個族群。

　　擬蜥屬中有許多體格結實的大型種，屬內最大型的大王守宮（*E. fuscus*）最大全長更達40㎝，是非常大型的種，在壁虎科中也屬於最大級。豹紋守宮與伊朗豹紋守宮（*E. angramainyu*）這些同屬種，也是全長超過25㎝的大型種，就連最小型的東

印度豹紋守宮（*E. hardwickii*）全長也長達約22㎝。擬蜥屬全種的體表都散布著顆粒狀的鱗片，觸感相當獨特，粗壯的尾巴可以用來儲存營養素。擬蜥屬幼體時擁有較粗的深色條紋，但是隨著個體的成長條紋會變得比較不清晰。

　　擬蜥屬有5種，主要棲息在乾燥地區至半乾燥地區之間。牠們是容易飼養且強壯的族群，其中豹紋守宮在美國、歐洲與日本等地區，已經確立了相當大的繁殖市場，品種之多在整個壁虎族群中獨樹一格。

土庫曼擬蜥
Eublepharis turcmenicus

●全長：20～23cm　●分布：土庫曼斯坦南部、伊朗北部

豹紋守宮
Eublepharis macularius
●全長：20～28cm
●分布：阿富汗東南部、巴基斯坦、印度西部、伊朗、伊拉克

豹紋守宮「高黃」（飼育品種）

豹紋守宮「橘化龍捲風蘿蔔尾」（飼育品種）

豹紋守宮「白化」（飼育品種）

豹紋守宮「暴龍」（飼育品種）

豹紋守宮「超級雪花」（飼育品種）

豹紋守宮「貝爾日焰紅眼謎」（飼育品種）

豹紋守宮「土匪」（飼育品種）

豹紋守宮「白惡魔」（飼育品種）

豹紋守宮「賽克斯翡翠白與黃」（飼育品種）

伊朗豹紋守宮
Eublepharis angramainyu
●全長：25～30cm
●分布：伊拉克北部與東部、伊朗西南部

伊朗豹紋守宮「ilam」

東印度豹紋守宮
Eublepharis hardwickii
●全長：20cm
●分布：印度北部

壁虎科圖鑑　擬蜥亞科

大王守宮
Eublepharis fuscus
●全長：33cm
●分布：印度西部

擬蜥亞科半爪守宮屬

學　名　*Hemitheconyx*
英文名　Fat-tailed geckos
◆生活型態　棲息在乾燥地區的地棲型

　　體型近似於擬蜥屬，結實的身體極富重量感。尾巴比擬蜥屬還要肥短，因此全種均稱為「○○肥尾守宮」。半爪守宮屬僅有2種，肥尾守宮分布在非洲西部諸國（喀麥隆至塞內加爾），是在寵物市場受歡迎程度僅次於豹紋守宮的擬蜥類，雖然程度不及豹紋守宮，但是各國都有活絡的繁殖活動，世界上有許多人工飼育品種。另外一種東非肥尾守宮僅分布在索馬利亞中部與衣索比亞，特徵是皮膚質感

比肥尾守宮還要粗糙。2種都擁有相當粗的橫紋，且橫紋在幼體與成體時皆相當清晰。

　　半爪守宮屬主要棲息在乾燥地區，但是巢穴中還是會保有一定濕度，所以飼養時要注意環境別太過乾燥。半爪守宮屬對低溫比豹紋守宮等擬蜥屬還要敏感。主要食用昆蟲類，其中東非肥尾守宮偏好體型比自己小上許多的昆蟲，這應該是因為牠們在自然環境下主要食用白蟻等小型昆蟲的關係。

壁虎科圖鑑　擬蜥亞科

肥尾守宮
「無紋」
（飼育品種）

肥尾守宮
「白化」
（飼育品種）

肥尾守宮
「立可白幽靈」
（飼育品種）

肥尾守宮
「Stinger」
（飼育品種）

肥尾守宮「超級零立可白」（飼育品種）

肥尾守宮
Hemitheconyx caudicinctus

●全長：20〜25cm　●分布：非洲大陸中西部沿岸國家

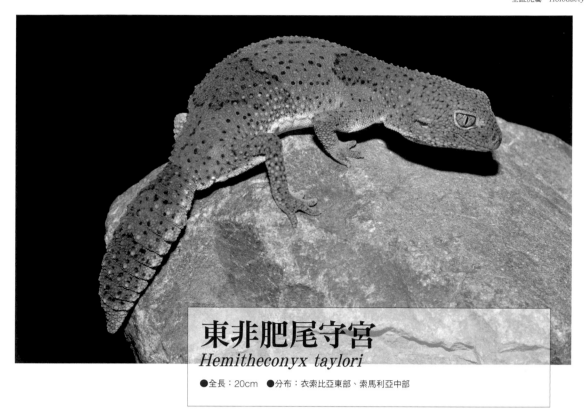

東非肥尾守宮
Hemitheconyx taylori
●全長：20cm　●分布：衣索比亞東部、索馬利亞中部

擬蜥亞科全趾虎屬

學　名　*Holodactylus*
英文名　African Clawed geckos
◆生活型態　棲息在乾燥地區的地底棲型

　　全趾虎屬的四肢較大，看起來就像鏟子一樣，尾巴則較短。牠們在擬蜥亞科中偏小型，但是因為尾巴比其他屬短上許多，所以實際上看起來還是很大隻。全趾虎屬僅有2種，白眉守宮分布在坦尚尼亞，以及肯亞邊界名為「Maasai steps」的平原地帶。牠們會用發達的四肢在地面挖洞，並潛伏其中。牠們的棲息環境以莽原與乾涸的河川等乾燥地區為主，但是巢穴內仍會保有一定濕度。白眉守宮的皮膚光滑，擁有線條明顯的深色橫帶紋，背部正中間也有明亮的線條。牠們是夜行性動物，動作較為遲鈍，在自然環境下的食物以白蟻為主，也會食用甲蟲類等各式各樣的昆蟲。白眉守宮在雨季時不太活動，通常會藏在巢穴中。

　　全趾虎屬的另外1種就是索馬利亞全趾虎（*H. cornii*），牠們僅分布在衣索比亞與索馬利亞，相關的資料非常少，目前還無人知曉牠們的詳細習性。

白眉守宮
Holodactylus africanus
●全長：11～14cm
●分布：坦尚尼亞、肯亞、衣索比亞與索馬利亞

　　貓守宮屬僅有貓守宮（*Aeluroscalabotes felinus*）1種，是擬蜥亞科中相當特殊的1屬。甚至有人將本屬獨立成1個亞科，稱為貓守宮亞科（Aeluroscalabotinae）。貓守宮屬的分布範圍是泰國南部至馬來半島，以及婆羅洲。分布在婆羅洲的個體群，與分布在大陸地區的個體群在外型上略有差異，因此有時會將彼此視為亞種關係或是地區個體群。貓守宮屬的體型細長，體色為紅褐色，較粗的尾巴常會朝側邊捲起不動。

　　貓守宮屬是夜行性動物，會在日落後才開始行動，牠們走路時會抬起尾巴並踮起腳尖，看起來就像貓，所以才會稱為「貓守宮屬」。牠們主要棲息在雨林等潮濕環境，平常都在地面上活動，有時也會爬上較低的樹木。

貓守宮
（亞種條背貓守宮
A. f. multituberculatus）
●全長：18～21cm
●分布：婆羅洲、蘇門答臘、巽他群島

貓守宮「銀眼」

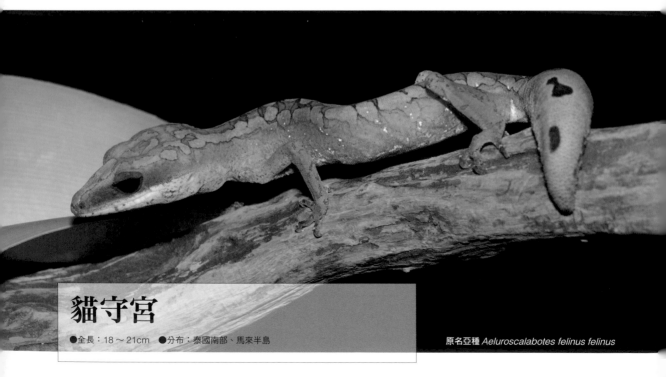

貓守宮

●全長：18～21cm　●分布：泰國南部、馬來半島

原名亞種 *Aeluroscalabotes felinus felinus*

日本的擬蜥 ————————————— *Goniurosaurus kuroiwae*

提到日本壁虎時，人們就會想到最具代表性的小判守宮屬，並想像出牠們貼著牆壁等立體物緩慢行動的模樣。但其實還有一個族群也棲息在日本，那就是在壁虎科中相當特別，擁有許多有別於壁虎科特徵的擬蜥亞科。擬蜥亞科主要棲息在地面，沒辦法攀附在垂直表面上，且擁有能夠使雙眼閉合的眼瞼，是相當特殊的族群。日本的「蜥蝪」以石龍子科的日本石龍子或草蜥科的日本草蜥為主，牠們與日本守宮等日常生活出現的「壁虎」不同，能夠閉上雙眼，且無法攀附在垂直面上，由此可以看出，「擬蜥」的特徵更接近「蜥蝪」，所以才會命名為「擬蜥」。

日本的擬蜥屬於南方性，分布在德之島至南方的琉球之間。原本這些擬蜥都被視為龍宮洞穴擬蜥（*Goniurosaurus kuroiwae*）的亞種（參照下表），現在則傾向將這些亞種各自視為獨立種。由於不同島嶼間的個體群差異很大，且大多數的種都缺乏移動性，因此在不同場所發現未視為亞種的個體群時，也可以看出牠們之間的地理性變異。例如：沖繩本島的原名亞種黑岩洞穴擬蜥中，棲息在沖繩南部的個體群與北部的個體群，各方面特徵都不同。經過分析後，確認北部個體群與另一亞種帶紋洞穴擬蜥的關係更近。另外，馬達拉洞

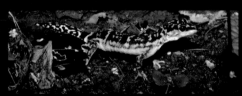

亞種久米洞穴擬蜥 *G. k. yamashinae*

亞種馬達拉洞穴擬蜥 *G. k. orientalis*

原名亞種黑岩洞穴擬蜥 *G. k. kuroiwae*

穴擬蜥這個亞種分布在渡嘉敷島、伊江島、渡名喜島，但是這些地區的馬達拉洞穴擬蜥，彼此卻擁有不同的斑紋與鱗片排列方式。

龍宮洞穴擬蜥主要棲息在石灰質土壤地區，在山地的闊葉林與斜面處等都看得到牠們的身影。屬於完全夜行性動物，白天會藏在洞窟中、岩石或傾倒的樹木下方休息。

琉球的自然環境在近年隨著開發而受到大幅破壞，讓牠們逐漸失去了棲息地，因此日本的擬蜥數量正迅速減少中。此外，日本為了驅逐毒蛇——黃綠龜殼花而刻意引進的印度小貓鼬，流浪貓狗及外來種的牛蛙等過去不會出現在這一帶的獵食者，也威脅到龍宮洞穴擬蜥的生存。因此沖繩縣便將龍宮洞穴擬蜥各亞種指定為天然紀念物，禁止獵捕、飼養或攜出等。亞種帶紋洞穴擬蜥因為分布在鹿兒島縣（德之島）上的關係，是唯一沒受到指定的亞種，但是縣政府也在2003年將其指定為天然紀念物。為了避免擬蜥類在日本滅絕，請各位務必遵守法律，讓牠們從遭受捕食的壓力中解放，重視生態環境的維護。

【龍宮洞穴擬蜥亞種與分布地區】
龍宮洞穴擬蜥 *Goniurosaurus kuroiwae*（日本固有種）
黑岩洞穴擬蜥（原名亞種）*Goniurosaurus kuroiwae kuroiwae*（沖繩本島、背底島、古宇利島）
帶紋洞穴擬蜥 *Goniurosaurus kuroiwae splendens*（德之島）
馬達拉洞穴擬蜥 *Goniurosaurus kuroiwae orientalis*（渡嘉敷島、伊江島、渡名喜島、阿嘉島）
伊平屋洞穴擬蜥 *Goniurosaurus kuroiwae toyamai*（伊平屋島）
久米洞穴擬蜥 *Goniurosaurus kuroiwae yamashinae*（久米島）

壁虎科圖鑑

〈 球趾虎亞科 〉
Sphaerodactylinae

　　球趾虎亞科中最具代表性的就是「球趾虎屬」，因此以這個屬命名。日文的「球趾虎屬」字面上的意思為「迷你壁虎」，光看名稱會以為是只有小型種的亞科，不過其實也有 *Aristelliger* 屬這類在整個壁虎科中都算大型的物種。儘管如此，整個屬中的種就如同球趾虎亞科的核心

──球趾虎屬（*Sphaerodactylus*）與膝虎屬（*Gonatodes*）一樣，幾乎都是小型種或超小型種。球趾虎亞科主要分布在南北美洲大陸至加勒比海地區、歐洲南部、從北非經阿拉伯半島至中亞這些地區。

　　球趾虎亞科共有 11 屬 200 種左右。

球趾虎亞科球趾虎屬
學　名　*Sphaerodactylus*
英文名　Dwarf geckos　Least geckos
◆生活型態　棲息在森林

美麗球趾虎（幼體）

球趾虎屬是球趾虎亞科的核心，種數多達100種以上。牠們主要分布在加勒比海的島嶼，普遍認為是島嶼眾多的關係，使得牠們能持續分化。一如「Dwarf geckos」這個名稱，此屬的身型都很小，就算是大型的托氏球趾虎最大全長也不過8cm左右，大多數的種都只有5～6cm左右。屬內最小型的侏儒球趾虎（*S. ariasae*）與維京果達島球趾虎（*S. parthenopion*）全長都只有3.2cm左右，頭身長也只

瞼刺球趾虎
Sphaerodactylus notatus
●全長：4～6cm
●分布：西印度群島

有1.6cm。不只是在壁虎類，在現代爬蟲類當中也是世界上最小型的物種。球趾虎屬的腳趾尖端是膨起的圓球狀，下方有趾下薄板，體型細長且嘴型尖銳，左右眼可以個別移動，會像變色龍一樣觀察周遭後再行動。球趾虎屬中有很多種的雌雄、幼體與成體間的顏色都不同，有時候看起來就像不同種。牠們會棲息在乾燥或有點濕氣的森林，並居住在傾倒的樹木與岩石下方。雖然會攀爬立體物，但主要活動範圍還是地面，鮮少在2m以上的高處看見牠們。

球趾虎屬以小型昆蟲類為主食。雖然具有圓形瞳孔，但並不像殘趾虎屬等的日行性守宮一樣喜愛明亮的場所，反倒喜愛稍微陰暗的地方，傍晚、清晨或夜間才是牠們出來活動的時間。

美麗球趾虎
Sphaerodactylus elegans
●全長：4～6cm　●分布：西印度群島

灰色球趾虎
Sphaerodactylus cinereus
●全長：4～6cm
●分布：海地、古巴等

黑斑球趾虎
Sphaerodactylus nigropunctatus
●全長：4～6cm
●分布：盧卡雅群島、波多黎各等

眼斑球趾虎
Sphaerodactylus argus
●全長：4～6cm
●分布：西印度群島、哥斯大黎加、巴拿馬

球趾虎
Sphaerodactylus sputator
●全長：4～6cm
●分布：小安地列斯群島

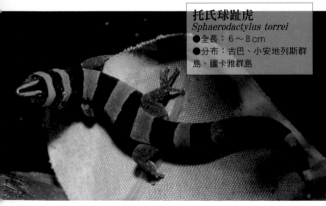

托氏球趾虎
Sphaerodactylus torrei
●全長：6～8cm
●分布：古巴、小安地列斯群島、盧卡雅群島

文森球趾虎
Sphaerodactylus vincenti
●全長：5～7cm
●分布：小安地列斯群島

粗皮球趾虎
Sphaerodactylus scaber
●全長：4～6cm
●分布：古巴、多明尼加共和國

聖胡安角球趾虎
Sphaerodactylus townsendi
●全長：4～6cm
●分布：波多黎各、盧卡雅群島

聖地亞哥球趾虎
Sphaerodactylus dimorphicus
●全長：6.5～7cm
●分布：古巴東南部

馬提尼球趾虎
Sphaerodactylus fantasticus
●全長：4～6cm
●分布：小安地列斯群島

西班牙島球趾虎
Sphaerodactylus difficillis
●全長：4～6cm
●分布：多明尼加共和國、海地

羅氏球趾虎
Sphaerodactylus roosevelti
●全長：5～7cm
●分布：波多黎各、牙買加

大鱗球趾虎
（亞種南波多黎各球趾虎
S. macrolepis mimetes）
●全長：4～6cm
●分布：波多黎各南部

大鱗球趾虎
（亞種*S. macrolepis spanius*）
●全長：4～6cm
●分布：波多黎各

球趾虎亞科鋸尾虎屬

學　名　*Pristurus*
英文名　Rock geckos
◆生活型態　棲息在乾燥地區的地棲型

鋸尾虎屬是近年才列入球趾虎亞科的族群，有時會被視為其他亞科。鋸尾虎屬約有25種，最大種的阿拉伯鋸尾虎（*P. carteri*）全長約10㎝。牠們分布在阿拉伯半島附近，以及阿拉伯半島對岸的非洲之角（包含索馬利亞與衣索比亞局部地區的半島）、索科特拉島等地。鋸尾虎屬雄性成體的尾巴呈縱向扁平狀，上下緣覆蓋著細緻的棘狀鱗片，不過也有很多鋸尾虎屬沒有這個特徵。鋸尾虎屬沒有趾下薄板，無法攀附在立體物上，是擁有圓形瞳孔的日行性物種。牠們棲息在充滿岩石的荒地，於大小岩石間橫衝直撞，且受到驚嚇時會將尾巴往上捲，表示進入警戒狀態。

鋸尾虎屬還有另外一個例外的特徵，就是飼養時要準備明亮的環境與紫外線，也必須在飼養箱中布置局部高溫的場所。

棱脊鋸尾虎
Pristurus rupestris
●全長：6～8 cm
●分布：伊朗、阿拉伯半島南部、非洲大陸東部

阿拉伯鋸尾虎
Pristurus carteri

●全長：6～8 cm　●分布：阿拉伯半島南部

球趾虎亞科膝虎屬

學　名　*Gonatodes*
英文名　Crowd geckos
◆生活型態　棲息在森林

　　膝虎屬是小型壁虎，特徵是雌雄的體色不同。膝虎屬全長多半只有5～8cm，但大型種五色膝虎曾被記載的最大全長為12cm。膝虎屬通常雄性個體的體型比雌性個體還要大。屬內約37種，分布在墨西哥南部至南美大陸北部，以及加勒比海海島嶼，在森林的地表層經常可以看到。大部分的膝虎屬擁有滑順的體表，但是近年記載的道丁膝虎體表覆蓋著大型的顆粒狀鱗片，體格也比其他種還要小。膝虎屬沒有趾下薄板，無法貼在牆面上行動，但是可以透過發達的爪子進行立體活動。牠們的瞳孔呈圓形，一如其他擁有相同特徵的壁虎類，主要是在白天活動。

　　通常壁虎類一次會生2顆卵，但是膝虎屬與球趾虎屬一次只會生1顆。

膝虎
Gonatodes albogularis
●全長：5～8cm
●分布：墨西哥至南美大陸北部、西印度群島等

眼斑膝虎
Gonatodes ocellatus

●全長：5～8cm　●分布：托巴哥島

壁虎科圖鑑　球趾虎亞科

道丁膝虎
Gonatodes daudini
●全長：4〜6cm
●分布：西印度群島（留尼旺）

五色膝虎
Gonatodes ceciliae
●全長：10cm
●分布：委內瑞拉東部、千里達・
托巴哥島

條紋膝虎
Gonatodes vittatus
●全長：6〜7cm
●分布：委內瑞拉、哥倫比亞、千
里達・托巴哥島等

披肩膝虎
Gonatodes humeralis
●全長：6〜7.5cm
●分布：南美大陸中部以北、千里
達

《石龍子亞科》
Teratoscincinae

　　石龍子亞科是只有沙虎屬（*Teratoscincus*）的小族群，雖然有時會被歸類於球趾虎屬，但是大多數情況下仍會將其視為獨立的亞科。

　　石龍子亞科擁有大眼睛，身體也覆蓋著大型鱗片。壁虎類的體表通常有顆粒狀鱗片互相重疊，石龍子亞科的鱗片則會像鋪設瓦片般排列。牠們的鱗片非常容易剝落，會在遭到強硬握住等情況時剝落，藉此爭取逃脫的機會。此外，牠們的尾巴也排列著大型板狀鱗片。

　　石龍子亞科沒有趾下薄板，無法攀附在立體物上。

石龍子亞科沙虎屬

學　名　*Teratoscincus*
英文名　Wonder geckos　Frog-eyed geckos
◆生活型態　棲息在乾燥地區的地底棲型

沙虎屬通常擁有獨特的外觀，體表受到大型鱗片覆蓋。大部分的種都擁有魚鱗般大且顯眼的鱗片，就連體表鱗片較小且不明顯的細鱗沙虎，尾巴還是覆蓋有大型鱗片，因此相當好認。沙虎屬的英文名稱是「Frog-eyed geckos」，一如字面上意思，牠們擁有蛙類般的突出大眼。牠們的腳趾筆直，完全無法彎曲，雖然沒有趾下薄板，但是每隻腳趾都有爪子。因為沙虎屬不管雌雄都沒有前肛孔或大腿孔，因此要分辨性別時會比其他壁虎類還要困難。成熟的雄性個體尾巴根部會有「隆起處」，但是有些種不太明顯。

沙虎屬的分布地區為阿拉伯半島至西亞、南亞、中亞的南部，北方的範圍則是中亞至中國西北部。牠們主要棲息在沙漠或岩石地區等乾燥環境，白天時會躲在自己挖的洞穴中，夜間則會在地面上活動，並捕食昆蟲類或其他壁虎等小型爬蟲類。目

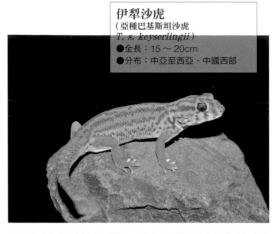

伊犁沙虎
（亞種巴基斯坦沙虎
T. s. keyserlingii）
●全長：15～20cm
●分布：中亞至西亞、中國西部

前已知沙虎屬有5～6種，大型種伊犁沙虎全長可達20cm，其中亞種巴基斯坦沙虎的體型更是比其他亞種還要大。

伊犁沙虎
（原名亞種新疆沙虎 *Teratoscincus scincus scincus*）

●全長：15～20cm　●分布：中亞至西亞、中國西部

吐魯番沙虎
Teratoscincus roborowskii
●全長：15cm左右
●分布：中國（新疆維吾爾自治區）

細鱗沙虎
Teratoscincus microlepis
●全長：12cm左右
●分布：伊朗、阿富汗、巴基斯坦西南部

西域沙虎
Teratoscincus przewalskii
●全長：15cm左右
●分布：中國、蒙古南部

鱗腳蜥類 ——————————————————————————— — — Pygopodidae

澳蛇蜥 *Lialis burtonis*
●全長：61～75cm
●分布：澳洲、印尼

新幾內亞蛇蜥 *Lialis jicari*
●全長：50～60cm
●分布：新幾內亞島

鱗腳蜥科（Pygopodidae）屬於蜥蜴亞目，體型像蛇般細長，前肢則完全消失，後肢幾乎只剩下鰭般的殘跡而已，從外觀幾乎看不太出來。蜥蜴亞目中除了鱗腳蜥科以外，也有不少種擁有類似的外貌。但是鱗腳蜥科與那些外貌相似的蜥蜴亞目種的關係，卻不及與壁虎科這麼近，因此便與壁虎科一起列為壁虎下目（Gekkota）。

鱗腳蜥科與壁虎科的近緣證據之一，就是鱗腳蜥科也沒有眼瞼，眼球外覆蓋著隱形眼鏡般的透明鱗片，這是大多數壁虎科的共通點，也是與其他蜥蜴亞目最大的差異。此外，壁虎科除了部分例外，每次的產卵量都是2顆，與鱗腳蜥科相同。另外，鱗腳蜥科也擁有與數種壁虎科相同的發聲器官，可以發出相同音高（pitch）的叫聲。

鱗腳蜥科共有2個亞科與7個屬44種，其中嘴型像鑷子般細長的澳蛇蜥亞科（Lialisinae）1屬2種分布在新幾內亞至澳洲，其他的鱗腳蜥科連同鱗腳蜥亞科（Pygopodinae）在內的所有物種，都固定分布在澳洲。

鱗腳蜥除了剩下一點痕跡的後肢外，完全沒有四肢，當然也不會有趾下薄板。牠們不太能捲在物體上，所以基本上都在地面生活。以昆蟲為主食，有時也會吃壁虎等小型爬蟲類或成熟果實，屬於雜食性動物。不過澳蛇蜥亞科下的2種——新幾內亞蛇蜥（*Lialis jicari*）、澳蛇蜥（*Lialis burtonis*）則擁有特殊的習性，專門吃壁虎類等小型爬蟲類。

黑頭鱗腳蜥 *Pygopus nigriceps*
●全長：50～60cm　●分布：澳洲西部

【鱗腳蜥科一覽】
鱗腳蜥科 Pygopodidae
澳蛇蜥亞科 Lialisinae
澳蛇蜥屬 *Lialis* （2種）
鱗腳蜥亞科 Pygopodinae
鱔蜥屬 *Delma* （21種）
澳東蜥屬 *Paradelma* （1種）
鱗足蜥屬 *Pygopus* （5種）
穴蜥屬 *Ophidiocephalus*（1種）
無孔蜥屬 *Aprasia* （13種）
棱蛇蜥屬 *Pletholax* （1種）

Chapter.4

How to care & breeding Gecko

{取得方法

　　一般情況下，應該都可以輕易從爬蟲類專賣店購得各種壁虎。在這類店面購買的優點，是能夠同時看到不同品種，還可以同時買到飼養用具與蟋蟀等餌類。更重要的是，店員都擁有豐富的知識，不懂時可以儘管諮詢。像豹紋守宮與睫角守宮等國內外都有在繁殖的種類，就有很多從爬蟲類專賣店購得的機會，另外日本各地也會舉辦爬蟲類、兩棲類相關活動等，參加這些活動時就能夠直接從繁殖者手中購得。對於第一次飼養壁虎的新手來說，這兩種管道都能夠安心購得。但是本書介紹的壁虎，並非所有種類都是可以隨時買到的，有些甚至好幾年都不會進口。

　　想飼養日本產壁虎時，有些地區也有機會抓到。例如：春季到秋季期間的夜晚，就有很大的機會在有燈光的地方看見日本守宮，想找疣尾蜥虎或南守宮時，就要去琉球才會比較容易找到。但是，分布在琉球的龍宮洞穴擬蜥亞種全部都已被指定為天然紀念物，所以別說是捕捉，連觸摸都是被法律所明文禁止的。因此幸運遇見牠們時，請用眼睛好好觀察牠們就好了。

{飼養必備用具

飼養箱

　　壁虎在蜥蜴中算是特別小型的一種，活動地區的溫度範圍也較均一，只要準備小型飼養箱就行的優點，吸引了不少人。最適合小型至中型種的，是塑膠製或壓克力製的飼養箱。市面上售有各種尺寸及形狀的產品，請按照飼養的個體做選擇吧。例如：飼養偏好樹棲型的物種，就應選擇有高度的飼養箱；主要在地面上活動的類型，則應選擇地板面積較寬的平坦型飼養箱等。有些飼養箱會出現讓球趾虎與各種幼體等脫逃的縫隙，因此最好事先堵住這些縫隙。中型至大型種則適合前開式的爬蟲類專用飼養箱。有些飼養箱會設有可供管路穿過的孔，有些側面則為網狀等，優點五花八門。一般觀賞魚用的玻璃與壓克力水族箱，則適合擬蜥、粒趾虎與石龍子等在地面上活動，且沒有趾下薄板的物種，此外也很適合主要棲息在地底的類型。雖然牠們沒有趾下薄板，不能在牆面上攀爬，但有時抓住邊角就會爬出來，所以設置金屬網蓋等會比較保險。

照明・保溫設備

　　飼養爬蟲類時設置照明設備的目的有3個。第1個是從觀賞的角度出發，在燈光照耀下會比較容易觀察；第2個是透過爬蟲類專用日光燈，讓個體沐浴在含有紫外線的光線下，藉此接觸到更接近陽光波長的光線。在日間活動的爬蟲類能透過紫外線，促使體內生成維他命D，以增加對鈣質的吸收。此外，紫外線中的UVA能夠幫助牠們進行脫皮等代謝活動。但是夜行性爬蟲類的紫外線需求量很低，所以飼養時不設置爬蟲類專用日光燈也無妨。第3個則是透過有規律的亮燈與熄燈，賦予其日夜般的燈光變化，使個體得以擁有正常的生活節奏。本書介紹的壁虎幾乎都是夜行種，因此只要設置不含紫外線的觀賞魚用日光燈，就能夠兼顧第1點的觀賞層面以及第3點的生活規律層面。但是飼養殘趾虎等日行種的時候，就必須比照飼養其他爬蟲類的方式，設置爬蟲類專用日光燈。搭配爬蟲類專用的定時器的話，就能夠輕鬆管理亮燈與熄燈時機。

　　保溫設備的種類同樣依用途而異，但是可以大致分成：替整個飼養環境保溫的加熱墊或加熱片，以及僅集中局部位置的燈泡型設備。市售的燈泡型設備又分為發光型（日間用）以及利用爬蟲類眼睛看不見紅外線的特點，僅會發出紅光或紫光的類型（夜間用）。飼養不喜歡強光的壁虎時，多半會選用夜間用燈。此外，兩者又都各有聚光型與散光型，瓦數也五花八門。選擇燈具時必須考量到飼養箱尺寸與照射距離做細部的調整，調整時也請搭配溫度計，準確地透過數值進行確實處理。話說回來，夜行種居多的壁虎很少需要針對特定場所集中保溫，所以大部分情況下，是以保溫範圍擴及整個飼養環境的設備為主。具體來說，就是將加熱墊等貼在底面（有些專用箱會提供插入保溫設備的空間），如果個體是棲息在牆面的類型，則可貼在飼養箱外的側面或背面後再開啟。

壁虎的飼育與繁殖

底材

底材對地棲型的物種來說特別重要，但即使是飼養樹棲型個體時，底材也可以用來當作牠們跳下來時的緩衝，所以最好要鋪設。市售的底材有沙子、土壤、水苔與其他專用底材等。若飼養的物種重視濕度的話，就要選擇鎖水性高的腐葉土、壓碎椰子纖維製成的棕櫚墊、椰殼土、黑土與水苔等。此外也必須透過定期噴霧等，確實做好飼養環境的保濕工作。最理想的潮濕程度，是底材表面有些乾燥，但是挖開後會看見被水沾濕的深色狀態。在底材發現糞便時應立即清除乾淨，非常髒或是看得見蟲類的蟲時，則應立刻將底材換掉。另外，主要棲息在乾燥地區的壁虎則適合沙子。若是底材使用的沙粒太大，當壁虎不小心誤食時，可能會堆積於消化器官中，所以沙粒要愈細愈好。選用這類底材時，同樣要在看到糞便時清理乾淨並定期更換。主要棲息在地底的個體，則應將底材鋪得深一點，底材深度至少要超過個體的全長。部分鼓趾虎、羽趾虎與闊趾虎則適合表面乾燥，但是有1/3部分濕潤的底材。這時可以先放入1/3的沙子後打濕，接著再鋪上乾沙即可。

豹紋守宮等只需要餐巾紙或寵物尿墊之類紙狀的底材，相當方便。但是這種底材不像土壤或沙子一樣，擁有一定程度的鎖水能力，或是能夠由微生物分解髒汙，所以只要發現髒汙就必須立刻更換。

布置用品

飼養爬蟲類時，遮蔽物（藏身處）是相當重要的布置用品。只要擺上市售的素燒陶遮蔽物、軟木墊、花盆碎片、小塊瓦片等，個體就會以此為生活據點。如果是樹棲型的物種，就可以豎立漂流木、軟木墊，或者放置黃金葛等葉片較寬且生命力強韌的植物，對於個體而言這些就是良好的遮蔽物。請按照個體的習性與尺寸，選擇適當的遮蔽物吧。

飼養管理

溫度與濕度管理

將飼養箱擺在室內時，箱內環境會受到居住地區與住宅環境影響，夏季溫度對很多爬蟲類來說都有過高的傾向，冬季的溫度則有過低的傾向，因此飼主必須為個體調整出適當的溫度。此外，飼養箱擺放的位置，也會對濕度與溫度造成相當大的影響。一般來說暖空氣會上升，因此飼養箱的位置愈接近地面氣溫就愈低，擺得愈高氣溫就愈高。先撇除高度不談，將飼養箱擺在窗邊時的環境條件，與擺在空調附近時也不同。有時季節轉換會帶來相當劇烈的環境變化，因此備妥溫度計與濕度計時，才能夠透過數值確認溫度與濕度。

想要提升飼養環境的局部溫度時，就可以選擇聚光燈。這時要切記將燈光照往特定一側就好，因為爬蟲類屬於變溫動物，體溫會跟著氣溫變化，牠們也會自行移動到適當的位置以調節體溫，因此箱內必須設置「溫差」。雖然壁虎中需要像這樣設置聚光燈的種類相對較少，但是飼養殘趾虎、柳趾虎、尾虎等的時候就必須設置。同理可證，設置加熱墊等會提升整體飼養箱溫度的設備時，也應留意「溫差」的問題。如果鋪滿整個底面的話，當個體的體溫過度上升時就會無處可逃，所以加熱墊鋪設的面積必須控制在底面的1/3至一半左右。另一方面，想降低夏季溫度的時候，光是關掉這些保溫設備通常不太夠。這時可以採用的方式，例如：將飼養箱搬到涼爽的地方、在放置飼養箱的房間中以空調進行溫度管理、設置小型電風扇、運用通風度更高的網狀飼養箱、將冷凍過的寶特瓶擺在飼養箱上方等。許多壁虎都耐高溫，相較於飼養變色龍或山椒魚等，比較不用煩惱夏季高溫的問題，但是遇到黑框守宮等不耐高溫的物種時就必須特別留意了。

很多飼主容易把注意力都放在溫度管理，但可別忽視了濕度。針對棲息在溼度較高的森林等的物種，重點是要特別提高環境濕度才行。平尾虎與會生活在森林地面的擬蜥、弓趾虎等，處於空氣濕度不足的環境時，行動力可能會變差。這時就要在關燈後對飼養箱整體噴霧，讓樹枝、植物與底材完全潮濕。另外也要對著牆面噴霧至水滴流下，因為很多壁虎都會舔舐牆上的水珠補充水分。就算備有水容器，很多壁虎還是完全不碰，只有水滴在牠們眼中才是能喝的水，所以飼養喜歡乾燥的個體時，也必須透過噴霧製造出水滴。飼養主要棲息在乾燥環境的個體時，噴霧時建議在牆面迅速噴一下，讓箱中的水分控制在只要經過幾個小時就會乾燥的程度。

餵餌

壁虎基本上會「食用動物」，在野生環境中會捕捉昆蟲類或蜘蛛等無脊椎動物。雖說有些例外的種類也會舔舐樹汁、花蜜或成熟果實等，不過大部分情況下是以食用動物為主，偶爾雜食，或者是為了補充醣分而刻意攝取的。

因此飼養壁虎時就必須餵養市售的餌類昆蟲。最常見的就是蟋蟀，這是各種尺寸都買得到的餌，非常方便。目前市面上流通的是黑色或褐色的大型黃斑黑蟋蟀，以及黃褐色的小型家蟋蟀。黃斑黑蟋蟀的優點是動作遲鈍且比較好消化，缺點是會吃掉同類且較不耐低溫；另一方面，家蟋蟀比較強壯又好存放，但是動作迅速且外殼很硬。兩種蟋蟀都有好有壞，各位可以根據取得容易性以及飼養的個體去做選擇。此外，壁虎的吃餌習慣有時也會隨著個體而異，挑選餌料的尺寸時，可以用壁虎的頭部尺寸當作基準，挑選比個體頭部還小的類型。

專賣店等也售有蟋蟀以外的昆蟲，例如杜比亞蟑螂、櫻桃紅蟑螂等蟑螂類、擬步行蟲的幼蟲——Mealworm、麥皮蟲、蠶寶寶、大蠟蛾的幼蟲——Honey worm、糙瓷鼠婦與果蠅等。這些昆蟲的尺寸、動作、顏色與保存容易度等各有差異，例如：蟑螂有比蟋蟀更大型的種類，且強壯易存放，但是動作非常迅速，一下子就會躲進陰暗處，有時也會爬到牆面上。蠕蟲類便宜且容易刺激個體食用，但是養分較不均衡也較不易消化。蠶同時兼具營養價值高、好消化與動作遲鈍的優點，但是比較難以存放。營養價值非常高的Honey worm是很好的餌料，但是必須注意別餵得太多，且牠們會爬到牆上，所以不適合投入式餵餌方式。鈣質豐富的糙瓷鼠婦易於存放，果蠅小型種的幼體則非常好用。除了昆蟲類以外，有時也會餵食幼鼠，這種餌料對豹紋守宮、繼尾多趾虎與產卵期時的雌性個體等來說，是非常重要的餌料。雖然殘趾虎與多趾虎喜歡成熟的香蕉、桃子等果實與昆蟲用果凍，不過還是必須搭配昆蟲才能夠顧及健康。昆蟲用果凍還具備吸引蟋蟀聚集的效果。飼養的個體是棲息在樹上的類型時，將果凍擺在樹枝之間的話，蟋蟀就比較願意從地面攀上樹枝。而繼尾多趾虎食用果實的比例，則有隨著成長提高的傾向。人工餌料雖然很少，但是市面上販售有適合多趾虎與柳趾虎等常吃果實的種類、針對牠們特別調配的餌料，當飼主真的很不想碰昆蟲類餌料時，就可以從人工餌料開始嘗試。目前也已經有光靠人工餌料，就順利飼養並繁殖成功的案例。

各位應按照飼養的個體選擇餵食的昆蟲，當然也可以同時準備數種輪流餵食。不管選擇的是哪一種，都應將餌料昆蟲餵得健康一點（這種方式稱為gut loading），將補充鈣質與維他命的營養劑撒在昆蟲身上後再餵食（dusting）。因此一定要讓蟋蟀食用葉菜類或專用食物，選擇營養價值較低的蠕蟲類時，也應餵食專用飼料。另外，市面上也售有gut loading專用的營養劑。

餵食頻率與餵食量依個體種類與體型而異，不過壁虎類的代謝速度比其他蜥蜴類還要慢，因此每隔一天或兩天，在熄燈後餵食個體吃得完的量即可。等個體習慣飼養環境後，就有可能願意在燈亮的時候進食。打開飼養箱的門，再放入餌料昆蟲的方式稱為「投入式」，這是最常使用的方式，但是蠕蟲類與糙瓷鼠婦很快就會鑽進底材中，這時就比較適合放在容器裡餵食。選擇陶瓷等表面光滑的容器，餌料昆蟲就比較難爬出來了。用鑷子夾起昆蟲餵食時，比較好掌握個體每次食用的分量，也可以享受每天餵食寵物的樂趣。但是從一開始就讓個體習慣這種餵食方式時，日後改成「投入式」時，個體可能會沒有反應。面對這些習慣用鑷子餵食的個體，可以試著小力搖晃冷凍或冷凍乾燥型餌料昆蟲，有時就能夠吸引個體食用了。此外，餵食冷凍餌料時，必須經過充分的解凍，等餌料恢復常溫再餵食。

給水

水對所有生物來說都是很重要的生存要素，壁虎也不例外。但是大部分的壁虎都不會透過水容器大量飲水，而是會一滴滴地舔舐水珠以攝取水分。所以請在熄燈之後對著牆面或布置用品噴霧，讓牠們有水珠可以飲用。飼養棲息在濕潤森林的種類時，早晚都應充分噴霧，在製造水珠之餘做好保濕工作。飼養喜好乾燥環境的種類時，噴霧量只要維持在數小時就會蒸發的程度即可。豹紋守宮等種類就會經常從水容器飲水，但是牠們的幼體容易脫水，所以在擺設水容器之餘，也應保持噴霧的習慣。棲息在澳洲沙漠地帶的物種，就不太需要噴霧，只要每隔幾天對著牆面噴一次就行。討厭濕悶環境的澳虎是透過食用昆蟲來攝取水分，所以幾天噴霧一次就可以了，如果餌料昆蟲本身的水分相當充足，也能夠視情況拉長噴霧的間隔。此外，水容器也具有提高環境濕度的功能，因此氣候特別乾燥的時期或是想保持濕度的情況下，就可以為植物盆栽澆水，或是擺設較大的水容器，都可以有效提升環境濕度。

類型別飼育方法
《 棲息在牆面 》

　　這類壁虎主要棲息在建築物或樹木表面、岩壁等牆面，是能夠輕易飼養與繁殖的族群，其中尤以守宮屬最為強壯。牠們擁有壁虎類的特徵——趾下薄板，攀附在牆面的能力很高，因此幾乎不會下到地面。

　　這類壁虎適合有高度的飼養箱。就算飼養的是大壁虎等大型種，1隻也只要45×30×45cm的飼養箱就夠了（但是若打算要繁殖的話，就得有園藝用玻璃溫室那麼大的空間）。這類壁虎的動作很快，所以建議選擇前面有滑門或拉開門的爬蟲類專用箱。箱內則可擺設軟木、漂流木與樹皮等，布置出個體的活動場所與遮蔽物。

　　飼養日本守宮等能夠多隻同居的物種，就可以使用木板或紙箱，建造出比飼養的個體數量更多的「牆面」。飼養殘趾虎、柳趾虎等日行種時，必須設置爬蟲類專用日光燈，其他種則幾乎不用。氣溫低時應在箱側貼上加熱墊做好保溫工作，另外也要特別為日行種準備聚光燈。

　　飼養大型個體或是動作特別迅速的種時，要特別留意逃脫與咬人等問題。另外，殘趾虎的皮膚較為纖細，遇到必須抓起來的時候應避免徒手握起，將牠們驅趕至透明杯子等容器再移動較為安全。

棲息在牆面的飼養箱範例

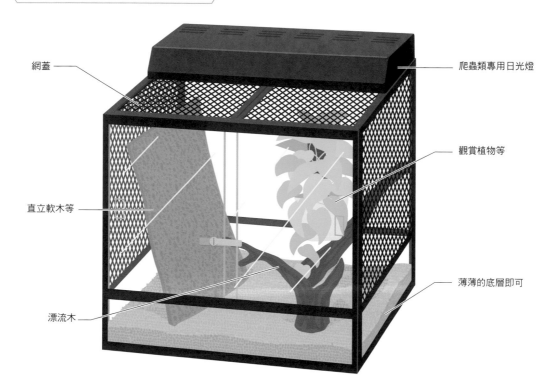

網蓋

爬蟲類專用日光燈

觀賞植物等

直立軟木等

漂流木

薄薄的底層即可

How to care & breeding Gecko

這類型的壁虎主要活動範圍不是牆面，是森林中的樹木或茂盛的矮樹等。

相較於後面會介紹的「乾燥林的樹棲型」，牠們比較喜歡潮濕的森林，適合有一定高度的飼養箱，並建議用漂流木、樹枝與觀賞植物等布置出牠們的生活空間。日間會在樹枝上或植物枝葉前端休息的瞼角守宮、勃隆尼多趾虎居住的箱中，則建議設置與地面幾乎平行的板子或軟木板等。克氏殘趾虎等棲息在竹林的種，會建議布置與大拇指差不多粗的竹子讓環境更接近自然的氛圍。這類壁虎討厭極端的乾燥環境，所以擺設植物也是期望可以藉此保持溼度，另外觀賞植物連盆一起擺進也很不錯。若在飼養環境中放入植物，就能藉由它們的代謝維

持空氣中的濕度。底材選擇椰殼土等，則可以在顧及保濕之餘，成為個體跳下來時的緩衝。飛守宮等的皮膜或尾巴皺褶摸起來乾燥粗糙時，就代表牠們已經脫水了。每天應該要往箱內噴霧2次，同時做好保濕與供水。但是，牠們同時也不喜歡悶熱，所以應設置網蓋或是選擇側面為網狀的飼養箱，維持良

類型別飼育方法
《 森林的樹棲型 》

好的通風。植物的成長需要燈光，因此就算養的是夜行種也應設置燈具。棲息在森林裡的殘趾虎也屬於這類型，不過牠們實際上需要的紫外線量並不多，所以只要準備偏弱的爬蟲類日光燈即可。此外，嚴寒時應準備加熱墊保溫，但是不必特別設置照射局部位置的聚光燈。唯一要注意的是寬趾虎中有些例外個體會在白天跑出來曬太陽，所以飼養這種個體時，則建議準備小型聚光燈。球趾虎的主要生活範圍，是森林地表層的落葉堆的縫隙等，而且牠們會在黎明或傍晚這些昏暗時段行動。因此只要

準備小型飼養箱就可以了，但是必須事先塞起較大的孔洞以避免逃脫，在餵食時也要按照牠們的嘴巴尺寸選擇小型的餌料昆蟲。牠們是比較不耐高溫的種，所以夏季要特別留意溫度管理，尤其是飼養黑框守宮時，更是必須謹慎應付高溫。此種適合的溫度是20～23℃左右，夜間溫度則應更低，至少要比日間低約5℃以上。牠們除了不耐高溫外，也很討厭乾燥與濕悶，所以建議布置多一點觀賞植物，並打造出通風良好的環境。巴虎與鱗虎的皮膚、鱗片容易剝落，所以要移動牠們的時候與殘趾虎一樣，應該將牠們趕進杯子等再移動。

很受歡迎的瞼角守宮也屬於這類型的壁虎，牠們行動的速度很慢，市面上也有專用的人工餌料，很適合當作新手的入門種。牠們雖然是夜行種，但是仍有會曬太陽的例外個體，因此不妨準備爬蟲類專用日光燈。此外，多趾虎的尾巴斷掉後無法再生，所以切勿拉扯或讓蓋子或門夾到牠們的尾巴。多趾虎、殘趾虎、寬趾虎、球趾虎也會食用果實或舔舐花蜜等，因此可以用小盤子裝盛昆蟲果凍或專用人工飼料餵食。

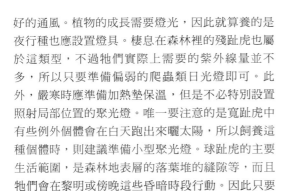

How to care & breeding Gecko

類型別飼育方法
《 乾燥林的樹棲型 》

這類型的壁虎會棲息在乾燥樹林或乾燥地區的樹叢中，另外，散布在沙漠或荒地的植物區、擁有強勁海風的海邊岩石地區等，也屬於乾燥林的範圍。

這類壁虎的基本飼養方法與「森林的樹棲型」相同，但是底材應選擇沙子、乾燥椰殼土這些濕度偏低的材質，並建議布置枯枝、乾燥樹枝、漂流木與岩石等，另外不妨搭配較耐旱的多肉植物等。巴氏殘趾虎是殘趾虎中的特例，會居住在高地岩石地區，因此布置時可以用偏大的扁平狀岩石或軟木板等，還原牠們的棲息環境。飼養阿爾達布拉殘趾虎時，則建議擺設與地面平行的樹枝、竹筒或軟木片等，讓個體可以停留在上面。這類場所有日夜溫差劇烈的傾向，但是飼養棲息在這種環境的個體時，不一定要打造出劇烈的溫差，頂多在白天開啟偏弱

的聚光燈，等夜間再熄燈就可以了。冬季的夜間溫度本來就會大幅降低，因此只要日間為個體保有一定溫度，晚上熄燈後不做任何措施，就能產生足夠的溫差。為了保持良好的通風，建議設置網蓋等，並在上方設置偏強的爬蟲類專用日光燈，斯氏殘趾虎喜歡明亮的環境，所以應使用紫外線量偏多的爬蟲類專用日光燈，必要時也可另外搭配強光型聚光燈。澳虎喜歡偏低的空氣濕度，葉尾虎也不喜歡濕熱，所以夜間有噴霧時，應將水量控制在隔天白天就不再有水滴殘留的程度。不管飼養的是哪一種，都要避免箱中在夏季等情況下出現悶濕狀態。建議將飼養箱擺在空調附近，或是設定除濕功能等。

飼養大型同鱗虎時，則要預防個體在飼主整理箱中環境時逃跑，這時可以只將門敞開一些就好，或是僅開啟單側門。

類型別飼育方法 乾燥林的樹棲型

類型別飼育方法

《 岩地、荒地的半地棲型 》

　　這類型的壁虎會棲息在乾燥的莽原、荒地或岩石山等植物少的場所。牠們擁有趾下薄板，具備在立體物上爬來爬去的能力，但是卻多半在地面上活動，頂多爬到樹腰處。牠們的趾下薄板並未占據整個趾腹，通常都集中在指尖處。其中有些種爬樹時，使用的是鉤爪，不是趾下薄板。

　　牠們爬上牆面的機率比前述種類還要少，比較常趴在樹枝或植物等布置用品上。儘管如此，因為牠們並非完全不會攀爬，所以仍應蓋好飼養箱的上蓋。飼養厚趾虎等小型種時，也應特別留意從空隙逃走的問題，因此應事前塞住縫隙，或是從內側貼上膠帶封住可逃脫的縫隙。另外，這類型的壁虎很怕不通風，同時也喜歡乾燥的空氣，所以建議選擇網蓋與側面為網狀的飼養箱。底材只要鋪上薄薄的沙子或沙礫即可，並應擺上岩石、乾燥的漂流木或樹枝等。另外也可用花盆碎片、軟木片或市售商品，打造出牠們的遮蔽物。這類型的壁虎中，有大半的種不是完全日行性就是日夜都會活動的類型，故應設置紫外線量居中的爬蟲類專用日光燈。飼養的個體特別喜歡曬太陽時，也可設置僅照射局部位置的聚光燈，打造出適度的溫差。另外，這個類型的壁虎中，有很多種都不怕夜間氣溫降低。

半地棲型飼養箱布置範例

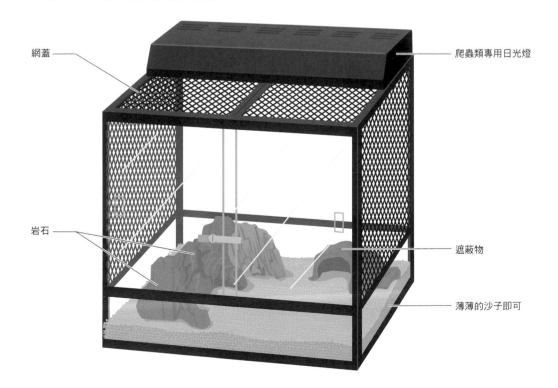

網蓋

爬蟲類專用日光燈

岩石

遮蔽物

薄薄的沙子即可

How to care & breeding Gecko

這類型的壁虎主要在雨林、熱帶雨林、山地森林等進行半立體活動，會居住在林木叢生且高濕度的環境。牠們白天會躲在傾倒的樹木或落葉下方休息，夜間時才會在森林地表層徘徊，或是爬到矮樹或草叢等覓食。這類型的壁虎趾下薄板多半不發達，像弓趾虎等就完全沒有趾下薄板，主要用指尖的鉤爪爬上爬下。

雖然這種壁虎在飼養下也鮮少出現攀爬牆面的舉動，但是很多種都具備很強的跳躍力，且還是擁有爬牆的能力，因此飼養箱仍必須加蓋。與森林的樹棲型一樣，都很適合將觀賞植物連盆一起擺入，或是設置漂流木或樹枝等。無爪虎等喜歡隱居，因此建議在底材上撒些落葉。底材應選擇具保濕力的土壤等，並保持適當的濕氣，摸起來不要濕黏也不要太乾燥。這類壁虎基本上喜歡涼爽的環境，但是弓趾虎等暴露在極端低溫時會生病，且很多弓趾虎在引進時都呈現稍微脫水的狀態，因此夜間時應對著箱中噴霧至濕答答的狀態，藉此幫助個體補充水分。但是切記要對著樹枝、植物或牆面噴灑，不要直接噴到個體身上。

冬季要保持穩定的最低溫度，可以在飼養箱側

類型別飼育方法
《 森林的半地棲型 》

面貼上加熱墊，或是用空調管理整個房間的氣溫。此外，牠們與森林的樹棲型相同，不喜歡濕悶的空氣，所以夏季高溫時應格外留意。這類型的壁虎幾乎都是夜行種，因此燈具的目的多半是用來維持植物生長，以及幫助觀察並賦予壁虎日夜變化感。

豹貓守宮適應的溫度範圍較廣，是耐得住乾燥的強壯類型，因此很適合新手。由於牠們喜歡特別乾燥的林木地面等，因此建議使用沙子當底材，並讓局部位置經常保持濕潤（可以在小型容器中，鋪上濕潤的水苔等）。

How to care & breeding Gecko

類型別飼育方法
《 乾燥地區的地棲型 》

　　這類壁虎幾乎不會從事立體活動，主要棲息在乾燥地區的地面上。喜歡的環境較為嚴酷，例如：植物稀疏的荒涼平原與沙礫地帶、岩石地區及斷崖連綿的峽谷等。這些環境的日夜溫差非常劇烈，白天非常炎熱，夜間時氣溫又會瞬間降到谷底，且年降雨量非常少，有些時期甚至只能捕捉到非常稀少的昆蟲類。生存在這種環境的壁虎都很強壯，因此受到飼養時仍耐得住相當廣的氣溫範圍與絕食。

　　全長6～7㎝左右的棱虎雖然非常小型，身體卻很強壯，禁得住長時間絕食與水分不足。有些種甚至能夠將營養儲存在尾巴，以應付食物不足的時期。但是不管個體多麼強壯，要是過度暴露於濕悶或低溫潮濕的環境，身體最終還是會吃不消，所以還是要特別留意通風。另一方面，鞘爪虎比較不耐缺水，因此箱內一定要擺設小型水容器，夜間也要對著牆面噴霧，讓牠們有水滴可以舔舐以攝取水分。為這類壁虎選擇飼養箱時，寬度比高度更加重要，並應配置遮蔽物與岩石等，底材也要鋪設沙子或燒赤玉土。

　　部分的種也具有爬上牆面的能力，所以也應蓋好蓋子。畸鱗虎與狹趾虎等主要棲息在日夜溫差劇烈的環境，所以日間必須準備聚光燈照射（如果是夜行種的話也可以選擇不會發光的燈具），夜間則熄燈以營造出日夜差異。另外，飼養偏向日行性的物種時，都應搭配含有紫外線的爬蟲類專用日光燈。熄燈後再噴霧就會形成夜露般的水珠，能夠吸引牠們舔舐以攝取水分。夜間噴霧的水量，應控制在隔天白天就會完全乾燥的程度。

　　飼養肥尾守宮等的時候，則可為其固定設定偏高的溫度（25～28℃）。繁殖出來的肥尾守宮與畸鱗虎的飼養方法相當簡單，與後面介紹的豹紋守宮用同樣的方式就幾乎不會有問題。狹趾虎的頭部特別大，可以吞下較大的餌料，但是棱虎等體型小、頭部也不大的種，則應餵食蟋蟀的二齡幼蟲或糙瓷鼠婦等極小的餌料昆蟲。頭盔守宮常會出現鈣質不足所造成的疾病，因此餵餌前應先在餌料上添加充足的鈣質。

類型別飼育方法
《乾燥地區的地底棲型》

　　這類壁虎棲息的地方，是比乾燥地區的地棲型還要荒蕪的沙漠地帶、礫石荒漠，以及寸草不生、看起來無處可棲息的沙丘。這些地區的溫差更加劇烈，因此壁虎會挖掘很深的洞穴，以利日間躲避嚴酷的暑氣。相較於暴露在極端高溫乾燥的地表，巢穴深處的溫度與濕度都安定許多。直到氣溫驟降的夜間，牠們才會踏出巢穴尋找食物。

　　這些能夠在嚴苛環境中存活的壁虎，基本上都很強壯，但是飼養牠們時，若讓環境長期持續過度乾燥的狀態，牠們仍然會陷入脫水，故應特別留意。夜間也應對著牆面噴霧，讓牠們得以舔舐水珠，並以每週2日的頻率進行即可。因為噴霧的一大目的是讓牠們攝取水分，所以必須提供噴灑充足的水分。日間氣溫會提高，再打開從正上方照下的聚光燈，就能夠讓夜間灑入的水分蒸發。白天若溫度上升不足時，個體也可能出現吐餌或拒食的狀態。夜間則要熄掉聚光燈，以營造出日夜溫差。夏季的夜間溫度較難降低，這時就應視情況打開房間的冷氣，做好降溫的工作。這類型的壁虎幾乎都耐低溫，因此即便是冬天，夜間不保溫也多半沒問題。但是，瘤尾虎等吃餌之後需要身處溫暖的環境，才能夠順利消化食物，因此還是用加熱墊等做好局部

保溫吧。如果受限於飼養箱的構造，無法為個體鋪設夠深的底材時，則應準備素燒陶材質的遮蔽物，並在上方擺一些水以提高內部濕度，將其打造成適當的巢穴。

　　布置飼養環境時最重要的一點就是「能夠躲避日間高溫的巢穴」，因此請準備深一點的飼養箱，鋪設夠深的細沙等底材之後，將其壓得堅實一點。鋪設底材時應分成兩個階段，鋪完第一階段（由下往上，數cm處）後先用噴霧打濕，接著再繼續鋪設厚厚的一層沙（第二階段）。建議鋪設10cm以上的厚實沙層。另外，可以將市售的遮蔽物半埋進底材，讓個體能夠踩著遮蔽物挖掘通往最深處的濕潤洞穴。在人工飼育下，也能於日間找到濕度與溫度適中的地方休息。因為沙子會漸漸乾燥，所以也應視沙子的色澤從飼養箱的牆面注水，定期打濕底材的底部。這時要特別留意，如果突然朝著底材表面灑水的話，會使得空氣的濕度高於巢穴，導致整個棲息環境顛倒。

　　鼓趾虎的頭很大，能夠吃下相當大型的餌料昆蟲，但是牠們容易缺鈣，因此餵食昆蟲前一定要先添加充足的鈣質。鼓趾虎與其他種一樣，身體狀況良好的時候，會將鈣質儲存在喉嚨一帶，而使個體喉部隆起。看到時不用太擔心，這種隆起並非腫瘤等疾病。飼養白眉守宮時，底材就要改選擇黑土或椰殼土，鋪設時同樣要分成兩個階段，先打濕一部分後再鋪設厚厚一層。由於白眉守宮比較怕冷，所以氣溫要控制在25℃以上。

How to care & breeding Gecko

　　豹紋守宮經過長年的累代繁殖，比起其他種不僅飼養方法簡單，也不需要太大的飼養箱，只要寬度為個體全長的2～3倍即可。底材可以鋪上一層薄薄的沙子，也可以用寵物墊或餐巾紙取代。遮蔽物放不放都無所謂，各種布置用品中，最重要的就只有水容器。選用寵物墊或餐巾紙的優點，就是可以輕鬆更換，且豹紋守宮經過重重改良後，已經出現相當豐富的體色，白色的紙製底材有助於襯托牠們

類型別飼育方法
《 豹紋守宮 》

的美麗。

　　豹紋守宮是耐低溫的種，所以有些飼主冬季時不會特別為其保溫，但是幼體與年輕個體還是要處於偏高溫度中，才會比較健康。鋪設加熱墊時，不可以鋪滿整個底面，應貼住1/3或1/2的部分，營造

出適度的溫差。

　　這麼簡單的飼養方法，同樣也適用於經過大量繁殖的肥尾守宮與豹貓守宮。

飼養範例。也可以用寵物墊取代底材

類型別飼育方法
《 森林的地棲型 》

　　這類型的壁虎棲息在溫暖濕潤的森林、山地與雨林等，潮濕且植被豐富的地區，且主要在地面上活動。多虧了茂密的植物，這些地區雖然會有雨季、乾季與四季變化，但是全年不會有太過極端的氣溫變化，整體棲息環境較為安定。以熱帶雨林來說，地表層相當涼爽，日本夏季有時反而還比較熱。由於這些環境不如沙漠等嚴酷，因此飼養這類個體時應格外留意乾燥與高溫。

　　雖然牠們主要棲息在地面，但是森林的地面有許多傾倒的樹木與植物等，地勢起伏頻繁，且還有草叢等大量的遮蔽處，因此應選用側面為網狀的飼養箱，以避免箱中過度濕悶。布置飼養箱時，可以藉由漂流木與市售遮蔽物等，組構出比較複雜的地形，這時黃金葛與薜荔就是相當好用的植物。這類壁虎偏好隱居，所以日間多半會躲在遮蔽物或是從底材挖出的洞穴中。一般會用設置漂流木、植物、軟木片與花盆的碎片等打造出遮蔽物，這邊建議準備2個遮蔽物，一個內部保持乾燥，一個擺有濕潤水

苔等以提高濕度。蠑螈虎等小型種也會將落葉當成遮蔽物。此外，同時飼養數隻時，必須要準備比個體數量還多的遮蔽物。飼養箱的底部應鋪設具有保濕能力的腐葉土或椰殼土，而且必須鋪上厚厚一層。為了避免箱中過於乾燥，早晚應各噴霧1次，以提高濕度。而且很多個體會無視水容器，只飲用噴霧所形成的水珠。冬季氣溫過低時，則應用加熱墊保溫，或是用空調控制整個房間的氣溫，避免溫度低於20℃。不過，如果飼養的是洞穴擬蜥，則只要控制在15℃以上即可。夏季時，也應避免氣溫過度提升，這時只要以飼主本身為標準，飼主不會覺得太熱的氣溫都沒問題。

　　這類型的壁虎是夜行性動物，因此有排斥強光的傾向。所以選擇照射植物的燈具時，應選擇光線偏弱的類型，甚至直接不用也可以。

地棲型飼養箱布置範例

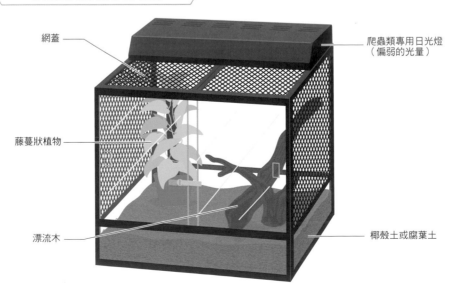

網蓋

爬蟲類專用日光燈
（偏弱的光量）

藤蔓狀植物

漂流木

椰殼土或腐葉土

壁虎的繁殖

　　親自著手繁殖的話，不僅可以體驗將個體養育長大的樂趣，還可以體驗守護個體產卵、孵化、長成可愛幼體的溫馨過程，這都是一般飼養體會不到的珍貴回憶。但是，這裡有件繁殖前一定要注意的事項，那就是「必須擁有讓渡或銷售繁殖個體的執照」，也就是說必須註冊為「寵物業者」。當然，如果繁殖出的個體會全部自行飼養時，就不必辦理這個手續。否則就應先與購買繁殖個體的店家或朋友等，確認對方是否能夠協助銷售繁殖出的個體後，才能夠著手繁殖。

　　想要繁殖，當然就需要健康的親代個體。大多數的個體在出生後1年半至2年就會迎來性成熟，但是多趾虎裡有部分的種需要更長的時間。年輕的雌性個體在初產後就會停止成長，所以必須等其發育完全後再開始繁殖。很多種都可以透過外觀輕易辨認性別，絕大多數的雄性個體在總排泄孔後側會有明顯的隆起。

　　棲息在牆面的類型幾乎整年都會發情，所以只要將成熟的雌雄個體放在一起，大部分的情況下遲早都會進行交配、產卵。棲息在四季分明地區的物種，會受到全年溫差、日照時間變化影響而發情；棲息在有雨季與乾季變化的，則會因降雨量（噴霧量）的影響，而促使其發情。將雌雄分開飼養時，必須先經過冬季的降溫處理等程序後，再讓雌雄個體同居，就能夠促進雙方發情。繁殖期的雄性通常較具攻擊性，所以應避免將多隻雄性個體養在一起。

　　小型種每次只會生1顆卵，但是大部分的壁虎每次都會生2顆卵。壁虎一年能夠產卵數次，通常是交配一次後就會分次產卵。產卵地點依物種而異，有些種的卵具有黏性，能黏在牆上，有些會在地面挖洞埋卵，有些卵則會宛如掉落般地安置在草根處。當卵黏在牆面上時，用開有氣孔的布丁杯罩住，可以預防親代個體吃掉幼體。從地底取出卵的時候，也應先在上側做記號再挪到孵卵器中，以避免上下顛倒。處理卵的時候應小心慎重，遇到特別小的卵時，則可運用湯匙等工具。

　　接著應準備鋪有層膨蛭石或椰殼土的杯子，將卵以原本的上下位置擺進杯中，然後再蓋上開有氣孔的蓋子，將杯子挪到溫度穩定的場所，就可以靜待孵化了。大多數物種適合的孵化溫度為25～30℃上下，孵化天數則依種而異。

　　因為剛孵化的幼體對環境變化很敏感，所以孵化後要讓牠們繼續待在孵卵器中數天至一週，使幼體的狀況穩定下來。接著在迎來第一次脫皮時，再挪到飼養容器中，並執行首次餵食。等牠們開始順利吃餌，就代表能夠健康成長了。縮短幼體的餵食間隔，讓牠們一口氣成長到一定的體型的話，身體會比較強壯。

著／海老沼　剛
text Takeshi Ebinuma

1977年出生於橫濱，是爬蟲類・兩棲類專賣店「Endless Zone」（http://www.enzou.net/）的店主。著作包括《爬虫・兩生類ビジュアルガイド トカゲ①》與同系列的《トカゲ②》、《カエル①②》、《水棲ガメ①②》、《爬虫・兩生類飼育ガイド ヤモリ》、《爬虫・兩生類パーフェクトガイド カメレオン》與同系列的《水棲ガメ》、《爬虫類・兩生類ビジュアル大図鑑1000種》、《世界の爬虫類ビジュアル図鑑》、《世界の兩生類ビジュアル図鑑》（誠文堂新光社）、《カエル大百科》（マリン企画）、《爬虫類・兩生類1800種図鑑》（三才BOOKS）、《豹紋守宮超圖鑑》、《鬆獅蜥超圖鑑》（中文版由台灣東販出版）等多數書籍。

編輯・攝影／川添　宣広
photo&editon Nobuhiro Kawazoe

生於1972年，從早稻田大學畢業後，任職於出版社，後來於2001年獨立（E-mail：novnov@nov.email.ne.jp）參與的作品包括爬蟲、兩棲類專門誌《CREEPER》、《爬虫・兩生類ビジュアルガイド》、《爬虫・兩生類飼育ガイド》、《爬虫・兩生類ビギナーズガイド》、《爬虫・兩生類パーフェクトガイド》等系列以外，還有《爬虫類・兩生類ビジュアル大図鑑1000種》、《日本の爬虫類・兩生類飼育図鑑》、《爬虫類・兩生類の飼育環境のつくり方》、《エクストラ・クリーパー》、《世界の爬虫類ビジュアル図鑑》、《世界の兩生類ビジュアル図鑑》、《プリミシオ・ブリガドーン》、《いちばんやさしい虫類・兩生類の飼い方》、《アロワナ完全飼育》《爬虫類・兩生類フォトガイドシリーズ》（誠文堂新光社）、《ビバリウムの本 カエルのいるテラリウム》（文一総合出版）、《爬虫類・兩生類1800種図鑑》（三才BOOKS）等相關書籍、雜誌。

協力　アクアセノータ、aLiVe、E.S.P.、iZoo、HBM、ウッドベル、エンドレスゾーン、大谷勉、小野隆司、オリザ、影山爬虫類、加藤学、カフェリトルズー、カミハタ養魚、草津熱帯圏、クレイジーゲノ、小家山仁、斎藤清美、サムライジャパンレプタイルズ、JMG、須佐利彦、髙田爬虫類研究所、TANAKA、T&T REPTILES、どうぶつ共和国ウォマ＋、戸村はるい、ドラゴンハープタイルジャパン、永井浩司、ナゴヤレプタイルズワールド、野沢直矢、バグジー、爬虫倶楽部、Herptile Lovers、春木良宏、B・BOXアクアリウム、彦田光行、V-house、プミリオ、ブリガドーン、ぷりショ市、ペットショップ不二屋、ペットの小屋、星克巳、松村しのぶ、マニアックレプタイルズ、マルフジ（超）生物界研究所、油井浩一、ラセルタルーム、リミックス ペポニ、龍夢、レップジャパン等等。

設計・裝幀　メルシング／插畫　ヨギトモコ

GECKO TO SONO NAKAMA TACHI
© Takeshi Ebinuma, Nobuhiro Kawazoe 2014
Originally published in Japan in 2014 by Seibundo Shinkosha Publishing Co.,Ltd.
Chinese translation rights arranged through TOHAN CORPORATION, TOKYO.

守宮夥伴超圖鑑
零基礎簡單上手的飼養祕笈

2017年9月1日初版第一刷發行
2022年2月1日初版第二刷發行

著　　　者　海老沼 剛
編輯・攝影　川添 宣広
譯　　　者　黃筱涵
編　　　輯　劉皓如
發　行　人　南部裕
發　行　所　台灣東販股份有限公司
　　　　　　＜地址＞台北市南京東路4段130號2F-1
　　　　　　＜電話＞(02)2577-8878
　　　　　　＜傳真＞(02)2577-8896
　　　　　　＜網址＞http://www.tohan.com.tw
郵 撥 帳 號　1405049-4
法 律 顧 問　蕭雄淋律師
總 經 銷　聯合發行股份有限公司
　　　　　　＜電話＞(02)2917-8022

國家圖書館出版品預行編目資料

守宮夥伴超圖鑑：零基礎簡單上手的飼養祕笈 /
海老沼剛著；黃筱涵譯 -- 初版 -- 臺北市：臺
灣東販，2017.09
128面；18.2×25.7公分
ISBN 978-986-475-453-3(平裝)

1. 爬蟲類 2. 寵物飼養

437.39　　　　　　　　　　　106013504

參考文獻、參考website

● 月刊アクアライフ（マリン企画）
● ビバリウムガイド（マリン企画）
● クリーパー（クリーパー社）
● 楽しいヤモリと暮らす本（冨水明著：マリン企画）
● 爬虫類兩生類800種図鑑（千石正一監修：Pisces社）
● 爬虫類と兩生類の写真図鑑（日本ヴォーグ社）
● 週刊朝日百科 動物たちの地球 兩生爬虫類4 ヌマガメ・ウミガメ等（朝日新聞社）
● 爬虫類の進化（疋田努著：東京大学出版社）
● The Amphibians and Reptiles of the Western Sahara(P.Geniez,J.A.Mateo,M.Geniez and J.Pether:Chimaira)
● The Amphibians and Reptiles of Ethiopia and Eritrea(Malcolm Largen and Stephen Spawls:Chimaira)
● FIELD GUIDE TO SNAKES AND OTHER REPTIELES OF SOUTHERN AFRICA(Bill Branch:PALPH CURTIS BOOKS)
● Amphibians and Reptiles of Madagascar and the Mascarene,Seychelles,and Comoro Islands(Friedrich-Wilhelm henkel and Wolhgang Schmidt:KRIEGER)
● A Field guide to the Amphibians and Reptiles of Madagascar(Frank Glaw-Miguel Vences:Vences&Glaw Verlags CbR)
● A Field guide to the Reptiles of East Africa(S,Spawls,K.Howell,R.drewes and J.Ashe:NATURAL WORLD)
● The Eylash Geckos (Hermann Seufer, Yuri kaverkin,Andreas Kirschner:Kirschner&Sufer Verlag)
● Reptiles of Australia(Steve Wilson&Gerry Swan:Princeton Field Guides)
● A Photographic Guide to snakes and other reptiles of peninsular Malaysia,Singapore and Thailand(Merel.j.cox,Peter Paul van Dijk,Jrujin Nabhitabhana and Kumthorn Thirakhupt:PALPH CURTIS BOOKS)

與其他網站等等

Reptiles & Amphibians Photo guide Series

Gecko